畜禽屠宰检验检疫图解系列丛书

鸭屠宰检验检疫图解手册

中国动物疫病预防控制中心
(农业农村部屠宰技术中心) 编著

中国农业出版社
北 京

图书在版编目（CIP）数据

鸭屠宰检验检疫图解手册/中国动物疫病预防控制中心（农业农村部屠宰技术中心）编著．—北京：中国农业出版社，2018.11（2022.1重印）
（畜禽屠宰检验检疫图解系列丛书）
ISBN 978-7-109-24730-7

Ⅰ.①鸭… Ⅱ.①中… Ⅲ.①鸭-屠宰加工-卫生检疫-图解 Ⅳ.①S851.34-64

中国版本图书馆CIP数据核字（2018）第235832号

中国农业出版社出版
（北京市朝阳区麦子店街18号楼）
（邮政编码 100125）
责任编辑 刘 玮 弓建芳

北京中科印刷有限公司印刷 新华书店北京发行所发行
2018年11月第1版 2022年1月北京第2次印刷

开本：787mm×1092mm 1/16 印张：8.25
字数：205千字
定价：68.00元

丛书编委会

本书编委会

主　编　高胜普　曲道峰

副主编　尤　华　韩剑众　杜爱芳

编　者　(按姓氏音序排列)

陈伯伦　陈鹏举　陈跃文　崔恒敏　崔治中　刁有祥
杜爱芳　恩　和　高胜普　高　巍　顾小根　韩剑众
贺桂芬　金燕飞　康　震　刘洪明　陆新浩　齐艳君
曲道峰　任祖伊　石双妮　司红彬　宋亦超　苏日娜
田师一　王永坤　吴　晗　熊本海　徐柏松　徐小宝
杨　怡　易松强　尤　华　禹海杰　张朝明　张　存
张德福　张新玲　张秀美　周　科　周前进

审　稿　曹克昌　夏永高　谌福昌　戴瑞彤　李春保

丛书序

肉品的质量安全关系到人民的身体健康，关系到社会稳定和经济发展。畜禽屠宰检验检疫是保障畜禽产品质量安全和防止疫病传播的重要手段。开展有效的屠宰检验检疫，需要从业人员具备良好的疫病诊断、兽医食品卫生、肉品检测等方面的基础知识和实践能力。然而，长期以来，我国畜禽屠宰加工、屠宰检验检疫等专业人才培养滞后于实际生产的发展需要，屠宰厂检验检疫人员的文化程度和专业水平参差不齐。同时，当前屠宰检疫和肉品品质检验的实施主体不统一，卫生检验也未有效开展。这就造成检验检疫责任主体缺位，检验检疫规程和标准执行较差，肉品质量安全风险隐患容易发生等问题。

为进一步规范畜禽屠宰检验检疫行为，提高肉品的质量安全水平，推动屠宰行业健康发展，中国动物疫病预防控制中心（农业农村部屠宰技术中心）组织有关单位和专家，编写了畜禽屠宰检验检疫图解系列丛书。本套丛书按照现行屠宰相关法律法规、屠宰检验检疫标准和规范性文件，采用图文并茂的方式，融合了屠宰检疫、肉品品质检验和实验室检验技术，系统介绍了检验检疫有关的基础知识、宰前检验检疫、宰后检验检疫、实验室检验、检验检疫结果处理等内容。本套丛书可供屠宰一线检验检疫人员、屠宰行业管理人员参考学习，也可作为兽医公共卫生有关科研教育人员参考使用。

本套丛书包括生猪、牛、羊、兔、鸡、鸭和鹅7个分册，是目前国内首套以图谱形式系统、直观描述畜禽屠宰检验检疫的图书，可操作性和实用性强。然而，本套丛书相关内容不能代替现行标准、规范性文件和国家有关规定。同时，由于编写时间仓促，书中难免有不妥和疏漏之处，恳请广大读者批评指正。

编著者

2018年10月

目 录

第一章

检验检疫基础知识

第一节　屠宰检验检疫

一、术语定义

胴体：放血、脱毛、去头爪、去内脏后鸭的躯体（图1-1-1）。

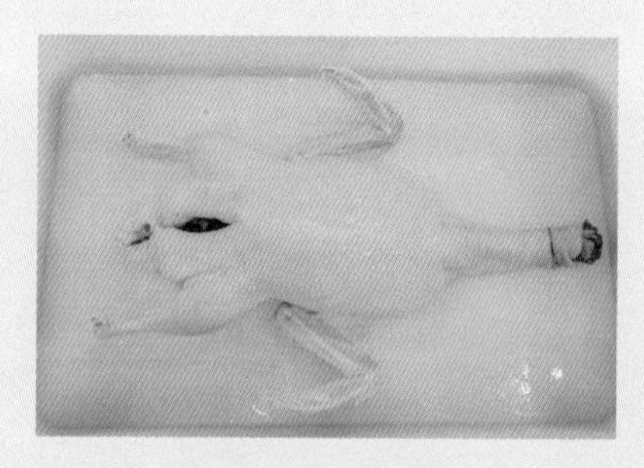

图1-1-1　胴体

食用副产品：肉鸭屠宰、加工后，所得内脏、脂、血液、骨、皮、头、爪等可食用的产品（图1-1-2至图1-1-5）。

图1-1-2　鸭肫

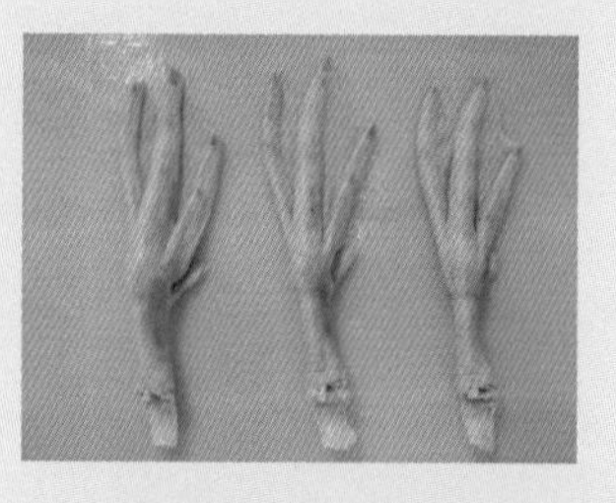

图1-1-3　鸭爪

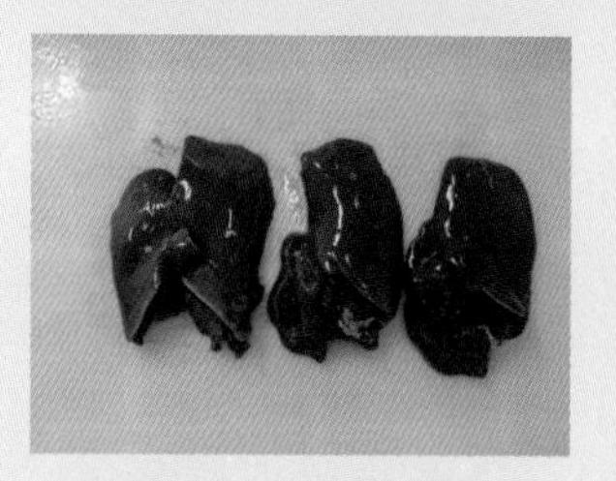

图1-1-4　鸭肝

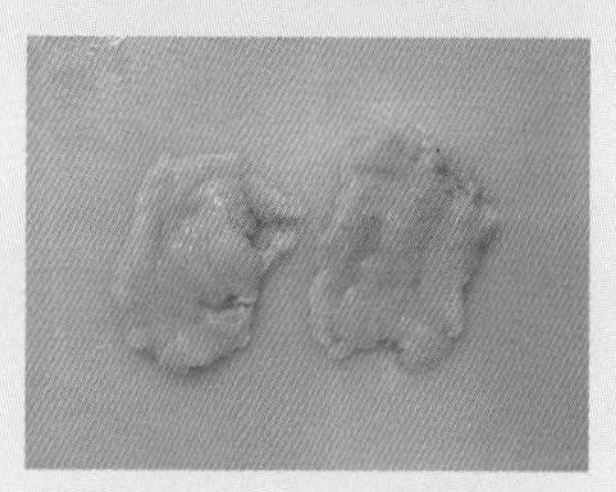

图1-1-5　鸭脂

非食用副产品：肉鸭屠宰、加工后，所得的不可食用的产品，如毛等（图1-1-6）。

图1-1-6 鸭毛

验收：为判定原料鸭是否适合人类食用，在原料鸭放血致死之前进行的检验（图1-1-7、图1-1-8）。

图1-1-7 活鸭验收（1）

图1-1-8 活鸭验收（2）

宰前检验检疫：在屠宰前，综合判定鸭是否健康和适合人类食用，对鸭的群体和个体进行的检查（图1-1-9、图1-1-10）。

图1-1-9 宰前检验检疫（1）

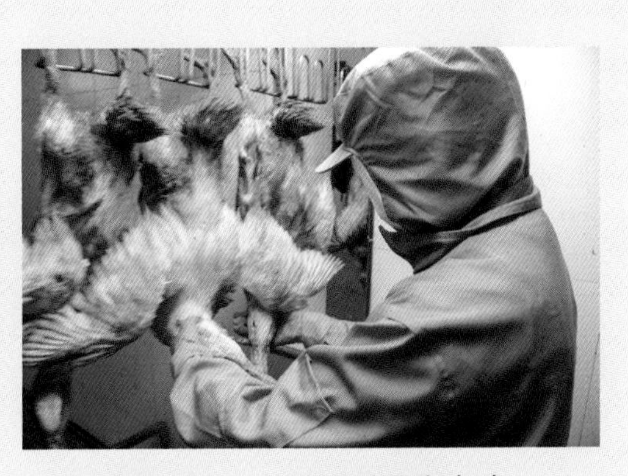

图1-1-10 宰前检验检疫（2）

宰后检验检疫：在屠宰后，综合判定鸭是否健康和适合人类食用，对其头、胴体、内脏和其他部分进行的检查（图1-1-11）。

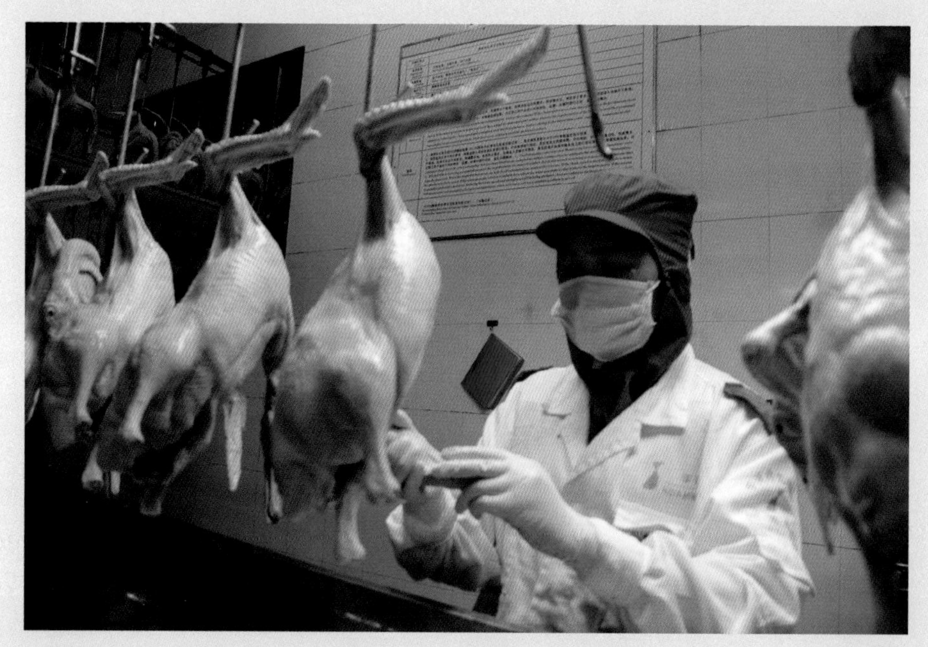

图1-1-11　宰后检验检疫

清洗：用符合饮用的流动水除去残屑、污物和其他可能污染食品的不良物质的加工工序（图1-1-12、图1-1-13）。

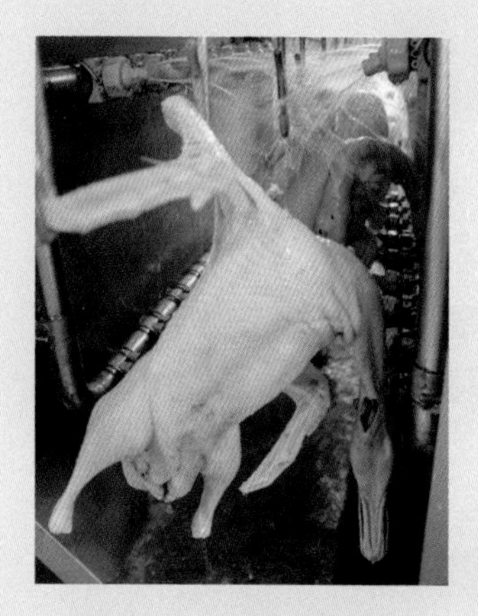

图1-1-12　鸭屠体清洗

图1-1-13　冻盘清洗

消毒：利用物理、化学或生物等方法杀灭病原体的过程（图1-1-14、图1-1-15）。

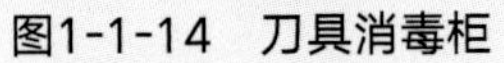
图1-1-14 刀具消毒柜

图1-1-15 流动消毒车

非清洁区：待宰、致昏、放血、烫毛、脱毛等处理的区域（图1-1-16至图1-1-19）。

图1-1-16 待宰区

图1-1-17 致昏区

图1-1-18 放血区

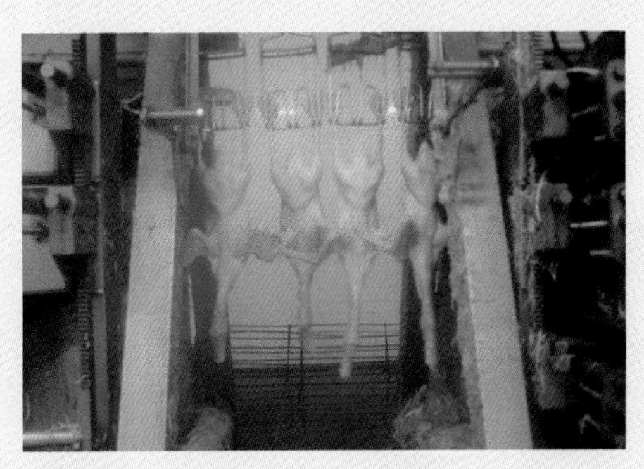

图1-1-19 脱毛区

清洁区：胴体加工（图1-1-20）、修整、冷却、分割、暂存、包装等处理的区域。

图1-1-20 胴体加工区

二、解剖学基础

（一）骨骼

鸭骨骼的骨密质非常致密，且有很多含气骨，因此，鸭骨硬度大、重量轻。鸭骨在发育过程中不形成骨骺，骨主要通过骨端软骨增生和骨化加长（图1-1-21）。

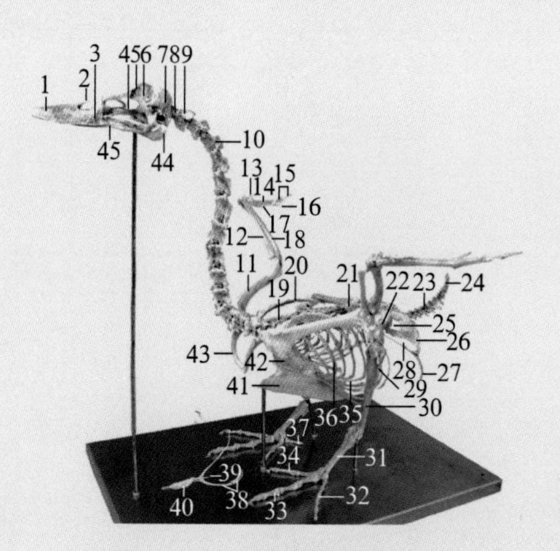

图1-1-21 鸭全身骨骼

1. 颌前骨 2. 鼻突 3. 上颌骨 4. 泪骨 5. 额骨 6. 眶间隔 7. 颞骨 8. 寰椎 9. 枢椎 10. 颈椎 11. 肱骨（臂骨） 12. 桡骨 13. 第二指骨 14. 第三掌骨（大掌骨） 15. 第三指骨 16. 第四指骨 17. 第四掌骨 18. 尺骨 19. 胸椎 20. 肩胛骨 21. 腰荐骨 22. 股骨 23. 尾椎 24. 尾综骨 25. 坐骨孔 26. 坐骨 27. 耻骨 28. 闭孔 29. 腓骨 30. 胫骨 31. 大跖骨（跗跖骨） 32. 第四趾骨 33. 第三趾骨 34. 第二趾骨 35. 胸肋 36. 椎肋 37. 第一趾骨 38. 舌骨支 39. 尾舌骨 40. 舌内骨（舌突） 41. 龙骨 42. 乌喙骨 43. 锁骨 44. 下颌骨外侧突 45. 下颌支

（家禽实体解剖学图谱）

（二）肌肉

鸭肌肉的颜色较暗，在新鲜状态下各种禽类的肌肉大体一致。鸭的骨骼肌纤维较细，肌肉数量繁多，其分布和发达程度因部位而有不同，与活动功能相适应（图1-1-22）。

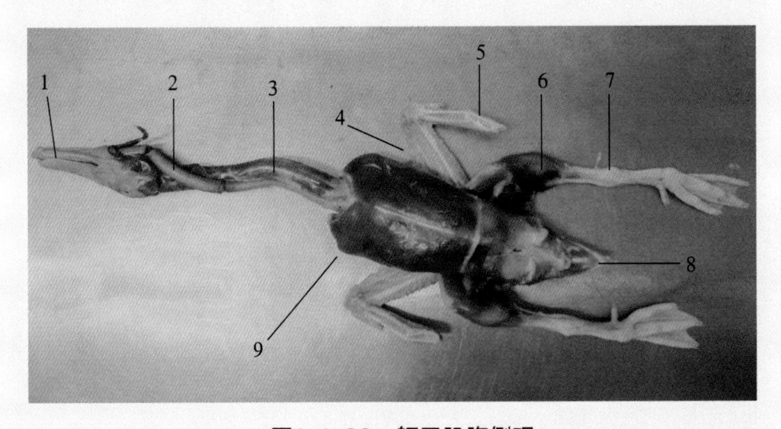

图1-1-22 躯干肌腹侧观

1.喙 2.气管 3.颈部肌 4.翅中 5.翅尖 6.腿肌 7.脚 8.尾部 9.胸肌

（三）消化系统

鸭消化系统由口、咽、食管、胃（腺胃和肌胃）、肠（大肠、小肠和直肠）、泄殖腔、肛门和肝、胰等器官组成（图1-1-23）。

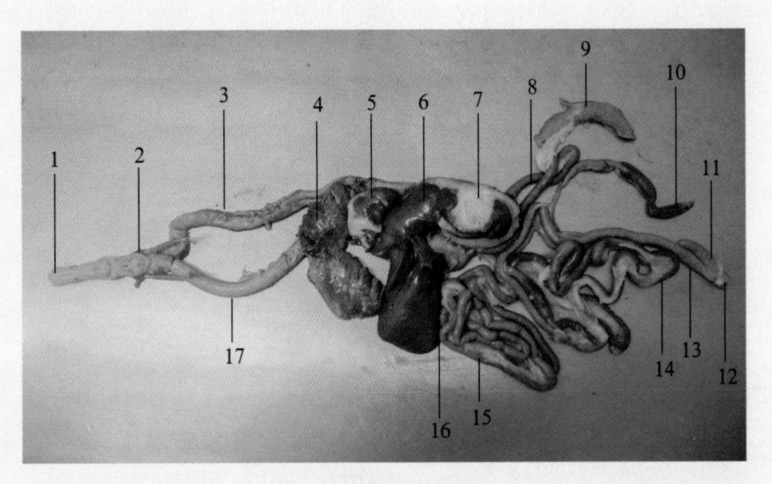

图1-1-23 消化系统

1.舌 2.角舌骨肌 3.食管 4.肺 5.心 6.肝 7.肌胃 8.十二指肠 9.胰腺 10.盲肠 11.腔上囊 12.肛门 13.直肠 14.回肠 15.空肠 16.胆囊 17.气管

（四）呼吸系统

鸭呼吸系统由鼻、咽、喉、气管、支气管、肺和气囊等器官组成（图1-1-24）。

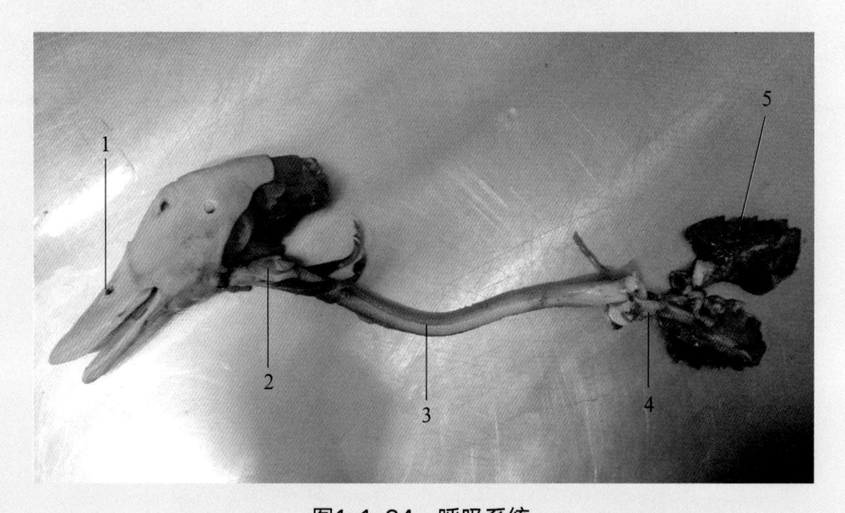

图1-1-24 呼吸系统

1. 鼻孔 2. 喉 3. 气管 4. 支气管 5. 肺

（五）血液循环和淋巴系统

1．血液循环 鸭心脏位于胸腔的腹侧，肝脏的前方，夹于肺的左、右叶之间，呈圆锥形，心基部向前上方，心尖斜向后方，内部分为左、右心房和左、右心室四部分（图1-1-25）。心脏周围有一层薄膜包围，呈囊状，称为心包膜，内充满心包液。

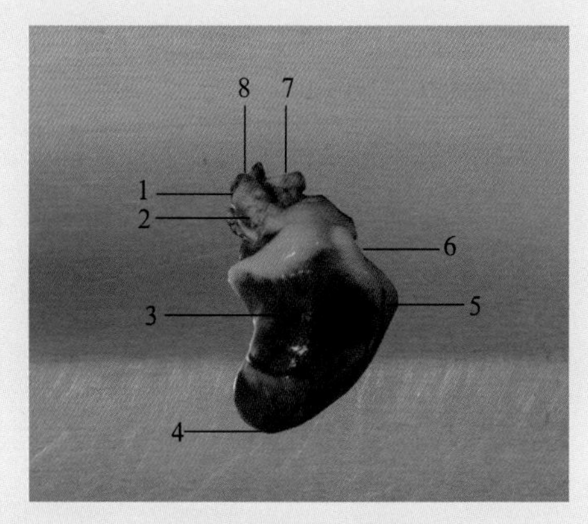

图1-1-25 心脏

1. 主动脉 2. 肺静脉 3. 左心室 4. 心尖
5. 右心室 6. 冠状沟 7. 锁骨下动脉 8. 颈总动脉

2. 淋巴系统　淋巴循环是单向的，组织内的毛细淋巴管来自细胞间隙后，逐渐汇合为较大的淋巴管，最后汇集成最大的左、右胸导管，将淋巴液分别注入两前腔静脉。

鸭的淋巴器官包括脾（图1-1-26）、淋巴结（图1-1-27）、胸腺、腔上囊。

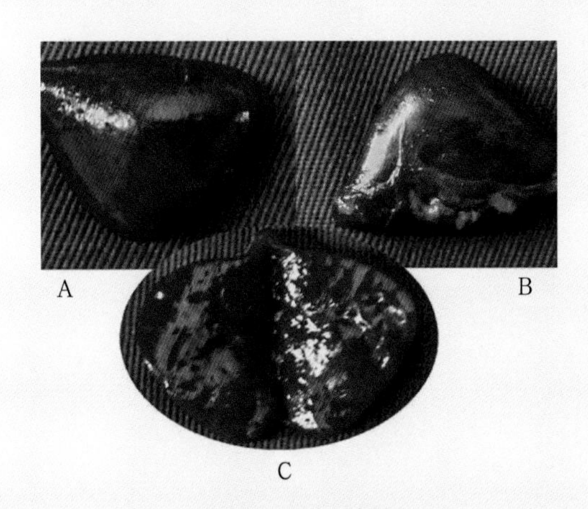

图1-1-26　脾脏

A. 脾脏背面　B. 脾脏腹面　C. 脾脏纵切面
（家禽实体解剖学图谱）

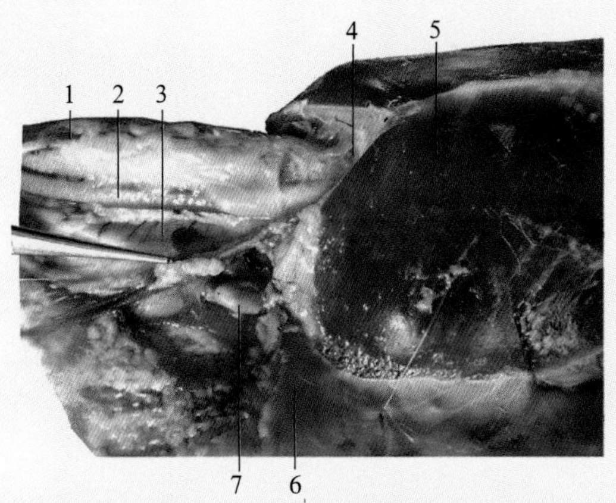

图1-1-27　颈胸淋巴结

1. 颈部　2. 气管　3. 食管　4. 胸腔入口
5. 胸浅（大）肌　6. 皮下组织及脂肪　7. 颈胸淋巴结
（家禽实体解剖学图谱）

（六）泌尿系统

鸭的泌尿系统包括肾脏、输尿管和泄殖腔。肾脏位于综荐骨腹侧和髂骨的内面，左、右各一个肾，每个肾又分前、中、后三叶，后叶较大（图1-1-28）。

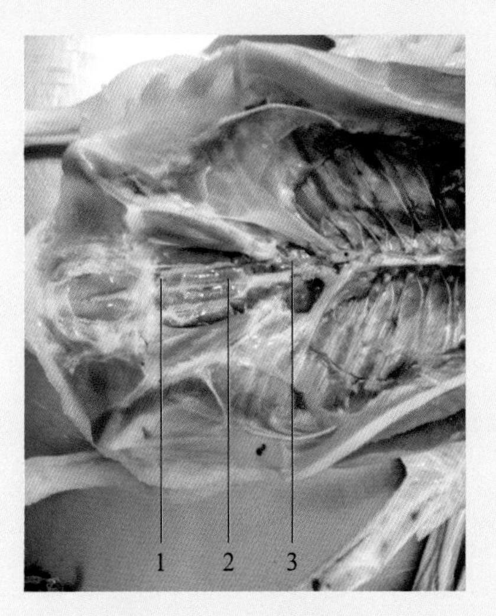

图1-1-28　泌尿系统

1. 肾尾叶　2. 肾中叶　3. 肾前叶

（七）生殖系统

1．雄性生殖器官　公鸭的生殖器官包括睾丸、输精管和阴茎。睾丸位于腹腔内，腰背部脊椎两侧，以短的系膜悬挂在肾前下方（图1-1-29）。

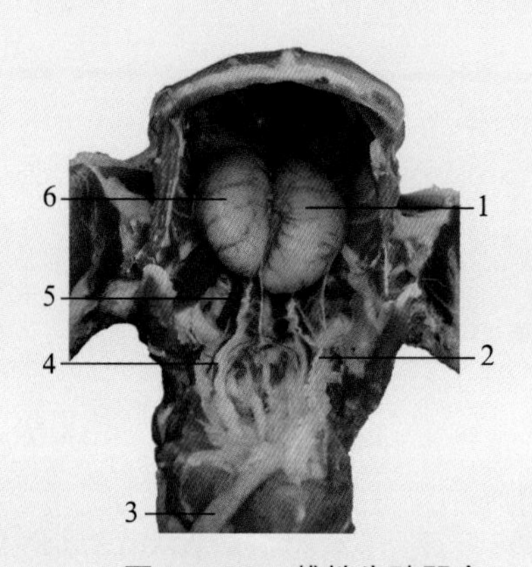

图1-1-29　雄性生殖器官

1．左侧睾丸　2．左侧输精管　3．直肠　4．右侧输精管　5．右肾中部　6．右侧睾丸

（家禽实体解剖学图谱）

2．雌性生殖器官　母鸭的生殖器官包括卵巢和输卵管。右侧的卵巢和输卵管已退化。左侧卵巢位于脊背部的左侧，和左肾紧靠在一起。左侧输卵管发育充分，成年鸭为一长而弯曲的管道（图1-1-30）。

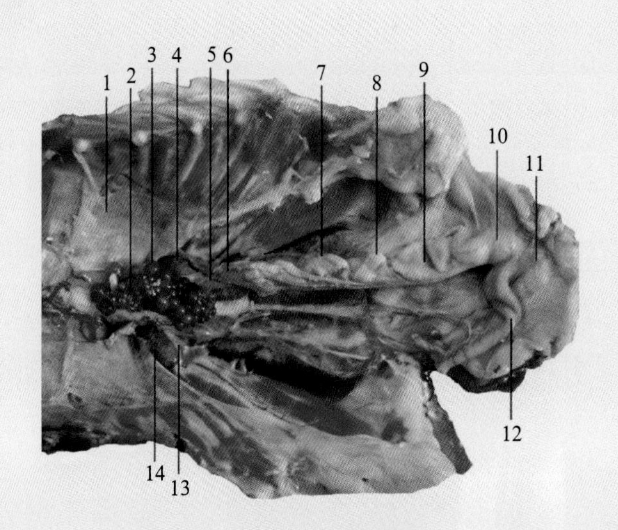

图1-1-30　雌性生殖器官

1．肺　2．卵巢　3．次级卵泡　4．左肾前叶　5．左髂总静脉　6．输卵管漏斗部　7．输卵管膨大部　8．输卵管峡部　9．子宫部　10．阴道部　11．泄殖腔　12．直肠　13．右髂总静脉　14．右肾前叶

（家禽实体解剖学图谱）

（八）内分泌系统

鸭的内分泌腺有脑垂体（图1-1-31）、松果体、肾上腺、甲状腺和甲状旁腺。

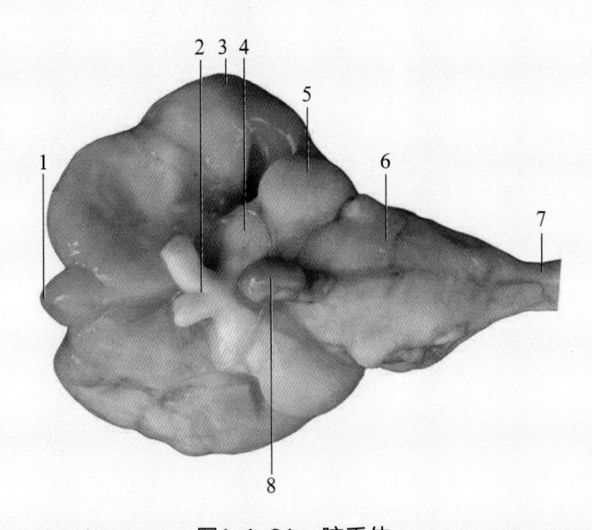

图1-1-31 脑垂体

1. 嗅球 2. 视交叉 3. 大脑半球 4. 间脑 5. 脑丘（视叶） 6. 延脑 7. 脊髓 8. 脑垂体
（家禽实体解剖学图谱）

（九）被皮系统

鸭的被皮系统包括皮肤（图1-1-32）及其衍生物（羽毛、喙和蹼等）（图1-1-33、图1-1-34）。

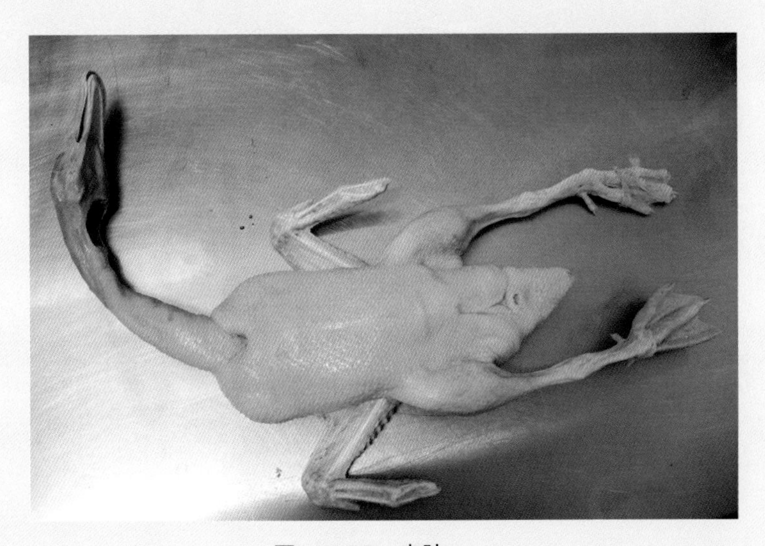

图1-1-32 皮肤

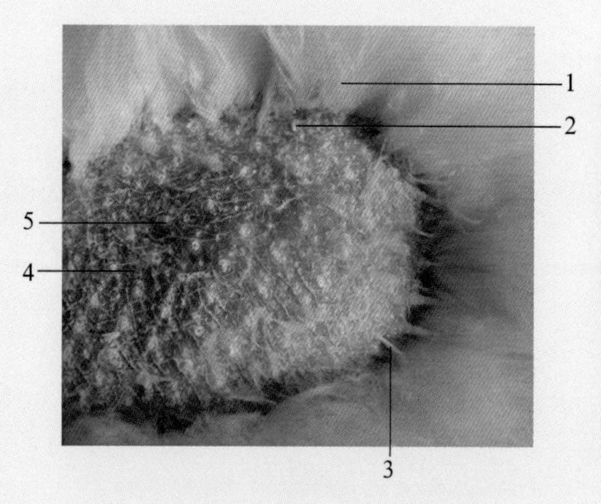

图1-1-33 鸭羽区皮肤、羽毛

1. 绒羽 2. 羽囊 3. 羽根 4. 表皮 5. 羽根鞘壁

（家禽实体解剖学图谱）

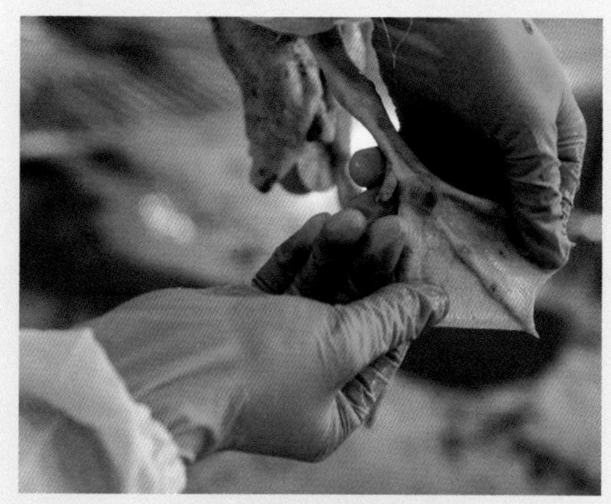

图1-1-34 皮肤衍生物

三、病理学基础

（一）局部血液循环障碍

1. 充血 局部的血管血量增加，血流加速称为充血（图1−1−35、图1-1-36）。

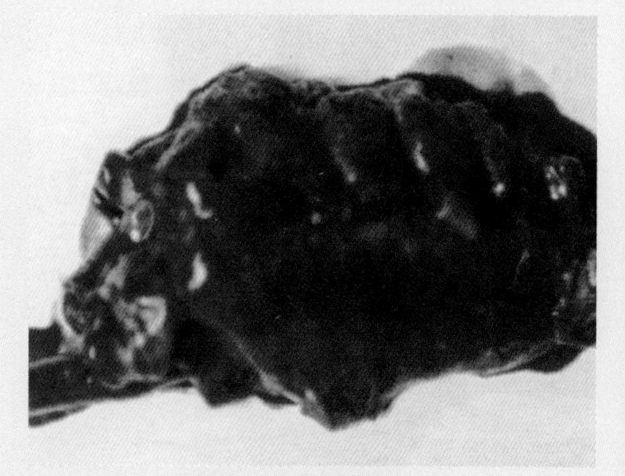

图1-1-35 肺充血

（鸭鹅常见病快速诊疗图谱）

图1-1-36 肾脏充血

（鸭鹅常见病快速诊疗图谱）

2. 局部缺血 机体任何部位或器官的含血量不足称为缺血。器官或机体任何部位的缺血，是由血液流出正常而血液流入不足引起的（图1-1-37）。

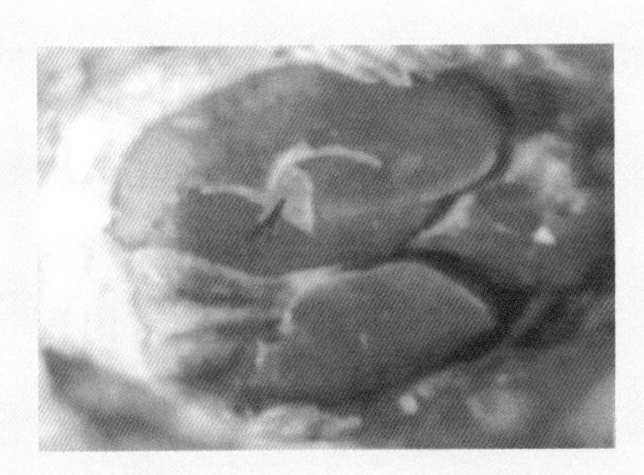

图1-1-37 肝脏呈灰白色
（鸭鹅常见病快速诊疗图谱）

3．血栓形成 在心脏、血管内流动着的血液或血液的某些成分形成固体质块的过程称血栓形成，所形成的固体质块称血栓（图1-1-38）。

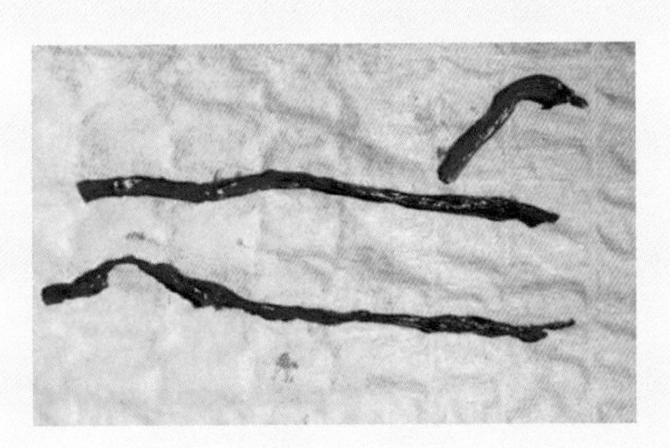

图1-1-38 血栓

4．栓塞 循环的血液中，常有异常物质随血流运行至相应大小的血管而不能通过，引起管腔阻塞的过程称栓塞，引起栓塞的异常物质称栓子（图1-1-39、图1-1-40）。

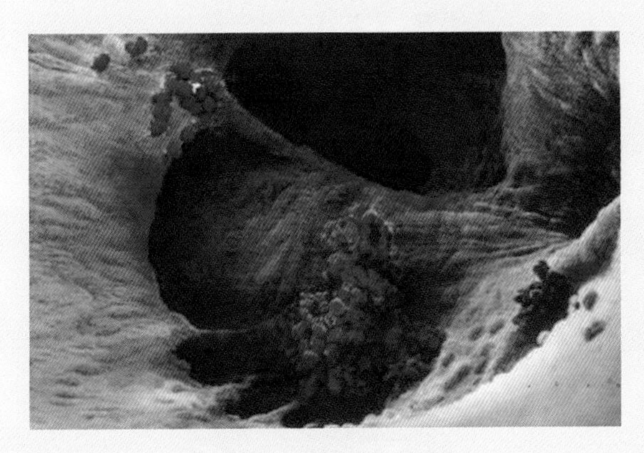

图1-1-39 血栓性栓子

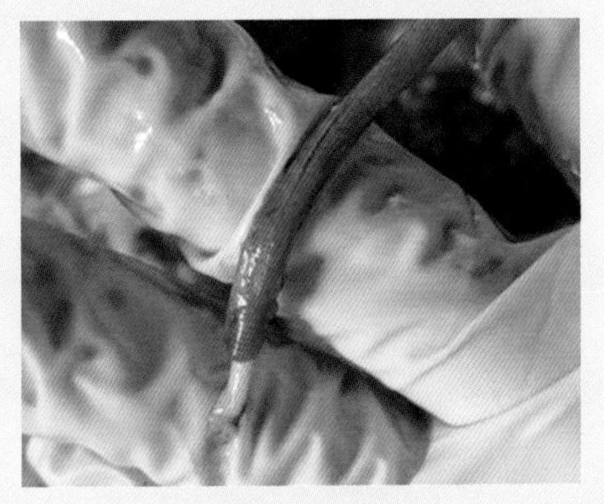

图1-1-40 脂肪性栓子

5．梗死　由于动脉血液阻断引起相应部位的缺血性坏死称梗死，其形成过程称梗死形成。根据梗死灶内含血量的不同，梗死分为贫血性梗死（图1-1-41）和出血性梗死（图1-1-42）两种。

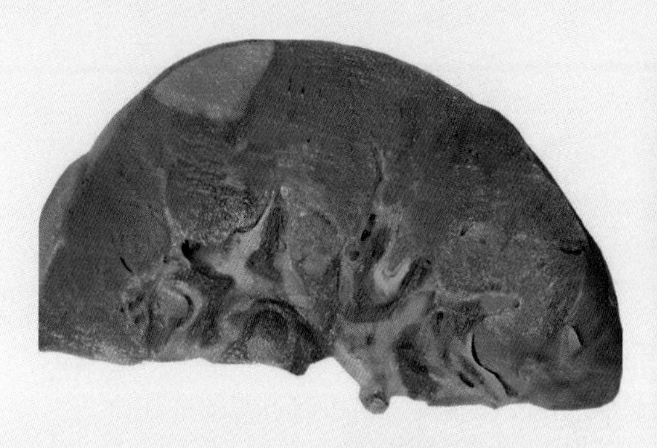

图1-1-41　贫血性梗死

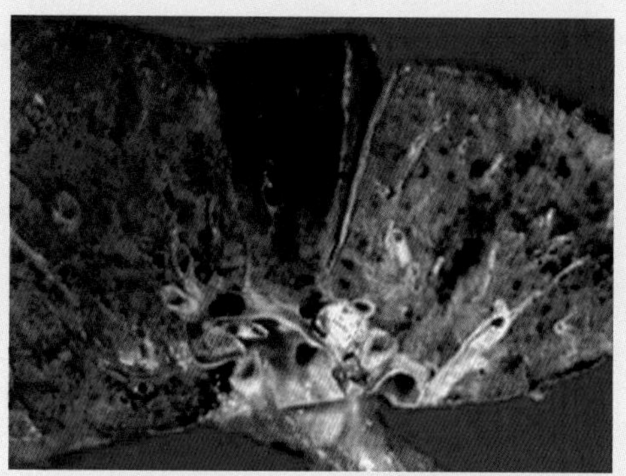

图1-1-42　出血性梗死

6．出血　血液自心血管腔逸出到体外、体腔或组织间隙，称为出血。血液逸入体腔或组织称为内出血，血液流出体外称为外出血。按出血逸出的机制不同，可将出血分为破裂性出血（图1-1-43）和漏出性出血（图1-1-44）两种。

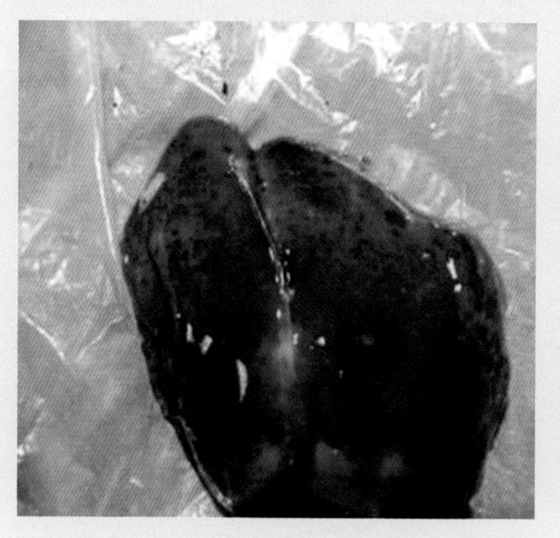

图1-1-43　破裂性出血

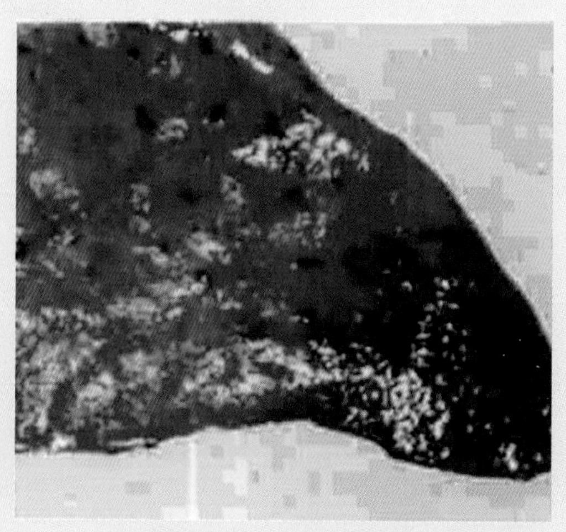

图1-1-44　漏出性出血

7．水肿　组织间液在组织间隙内异常增多称水肿；组织间液在胸腔、心包腔、腹腔、脑室等浆膜腔内蓄积过多称积水；水肿发生于皮下时称浮肿（图1-1-45、图1-1-46）。

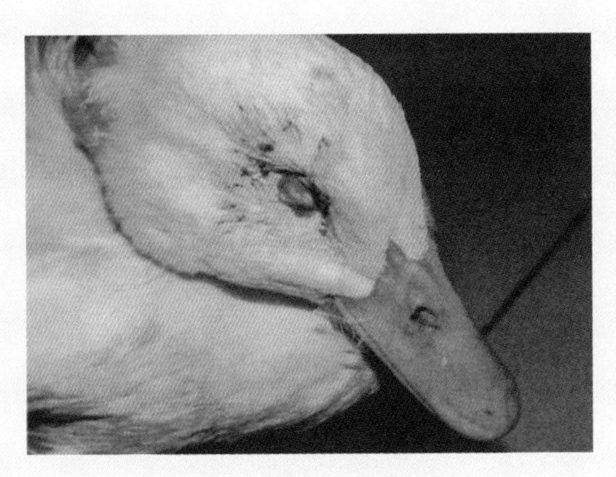

图1-1-45 眼睑水肿
（鸭鹅常见病快速诊疗图谱）

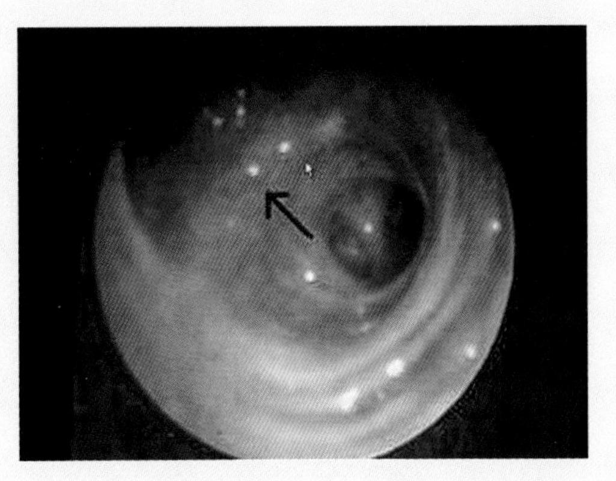

图1-1-46 黏膜性水肿

第二节 鸭屠宰检验检疫主要疫病的临床症状及病理变化

《家禽屠宰检疫规程》规定了家禽屠宰检疫对象涉及9种疫病：高致病性禽流感、新城疫、禽白血病、鸭瘟、禽痘、小鹅瘟、马立克病、球虫病、禽结核病。在鸭屠宰检验检疫中，重点检查规定的高致病性禽流感、禽白血病、鸭瘟、球虫病、禽结核病等疾病。

一、高致病性禽流感

高致病性禽流感（highly pathogenic avian influenza，HPAI）是由禽流感病毒引起禽的一种急性、烈性传染病。特征为面部水肿，呼吸困难，全身浆膜和黏膜出血（图1-2-1至图1-2-8）。

临床症状：突然暴发，初期症状不明显而突然死亡。

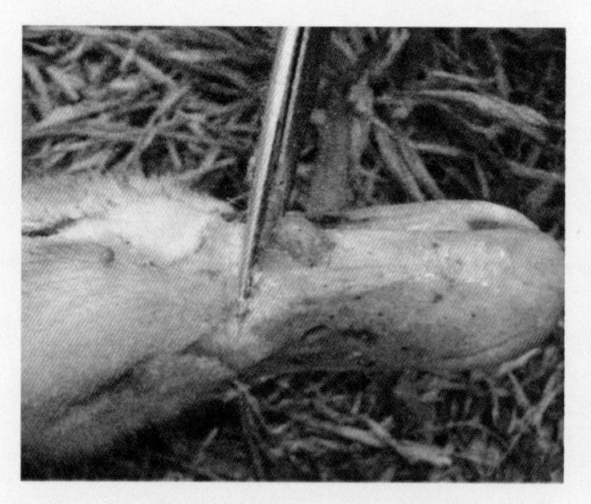

图1-2-1 病鸭鼻腔充满黏液
（鸭鹅病诊治原色图谱）

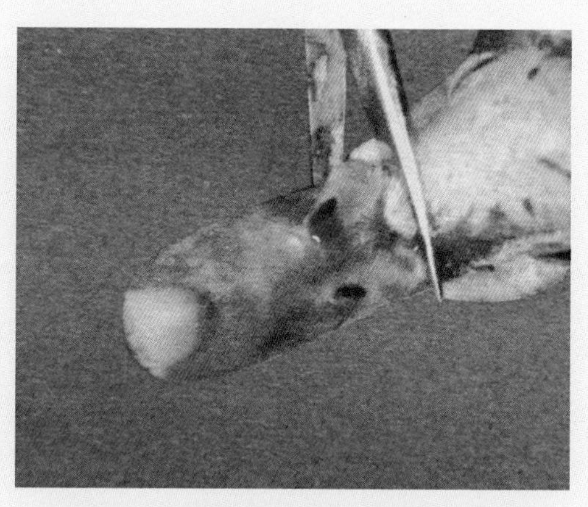

图1-2-2 病鸭喙色暗红，鼻腔出血严重
（鸭鹅病诊治原色图谱）

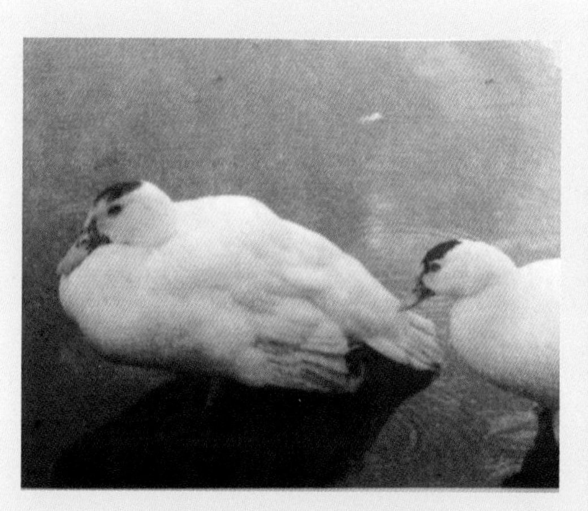

图1-2-3 病鸭精神沉郁
（鸭鹅病诊治原色图谱）

图1-2-4 病鸭出现两脚发软、站立不稳、扭颈、震颤、转圈等系列神经症状
（鸭鹅病诊治原色图谱）

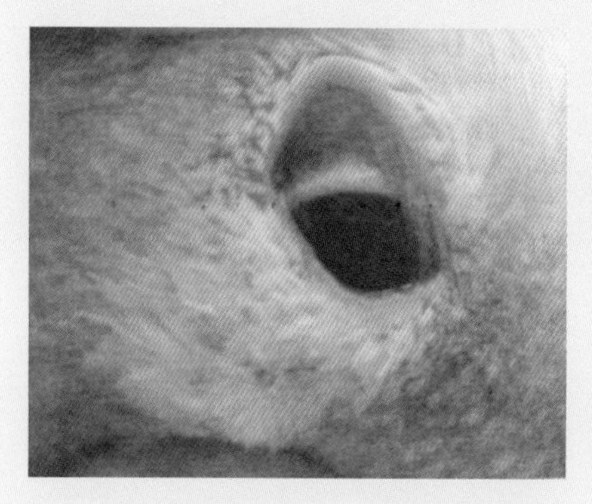

图1-2-5 病鸭眼结膜潮红、红眼
（鸭鹅病诊治原色图谱）

图1-2-6 心肌条纹状坏死（虎斑心）
（鸭病诊疗原色图谱 第2版）

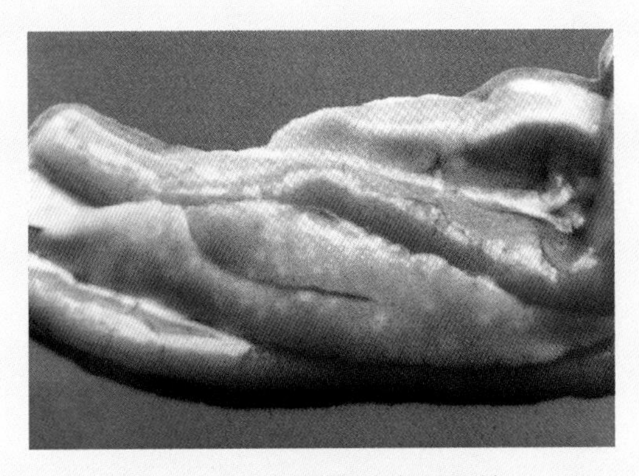

图1-2-7 胰腺灰白色坏死灶
（鸭病诊疗原色图谱 第2版）

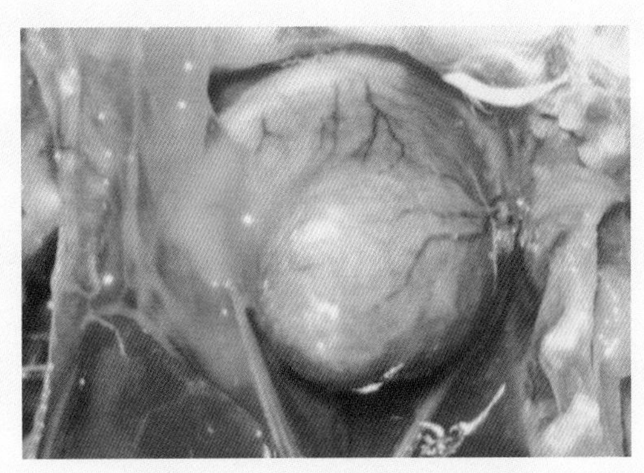

图1-2-8 心肌坏死，心包积液
（鸭病诊疗原色图谱 第2版）

二、禽白血病

禽白血病（avian leucosis）是由禽白血病/肉瘤病毒群中的病毒引起禽类的多种传染性肿瘤疾病。

临床症状：潜伏期较长，症状因病毒株不同而异。淋巴白血病常见，病鸭精神委顿，食欲减少或废绝，全身衰弱。表现为进行性消瘦和贫血，腹泻（图1-2-9、图1-2-10）。

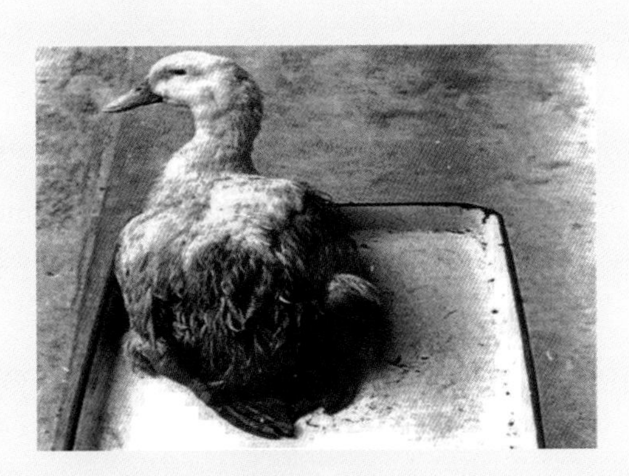

图1-2-9 病鸭腿骨变粗，不能站立

图1-2-10 病鸭的跗关节、胫部变短，弯曲，增粗

三、鸭瘟

鸭瘟（duck plague，DP）又称鸭病毒性肠炎（duck virus enteritis,DVE）、鸭肠炎，俗名“大头瘟”，是由鸭瘟病毒引起鸭和鹅的一种急性、败血性、高度接触性传染病。

临床症状：鸭潜伏期3～5d。病鸭体温升高达43℃以上，高热稽留，流泪，眼睑水肿，严重者眼睑翻出于眼眶外，结膜充血或有出血点，甚至形成小溃疡（图1-2-11至图1-2-22）。

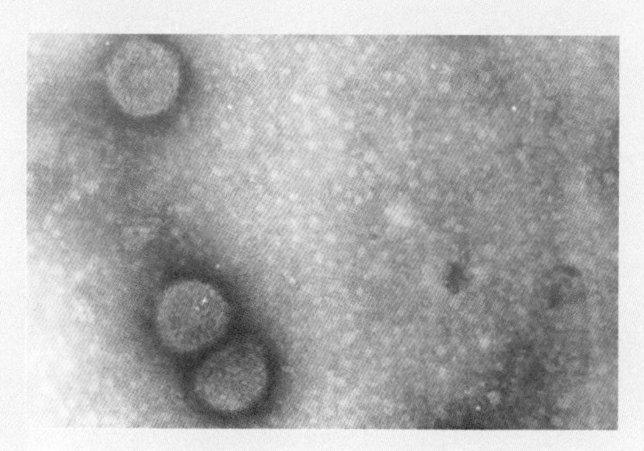

图1-2-11 鸭瘟病毒为球形，有囊膜，病毒颗粒大小为160～180nm
（禽病诊断彩色图谱）

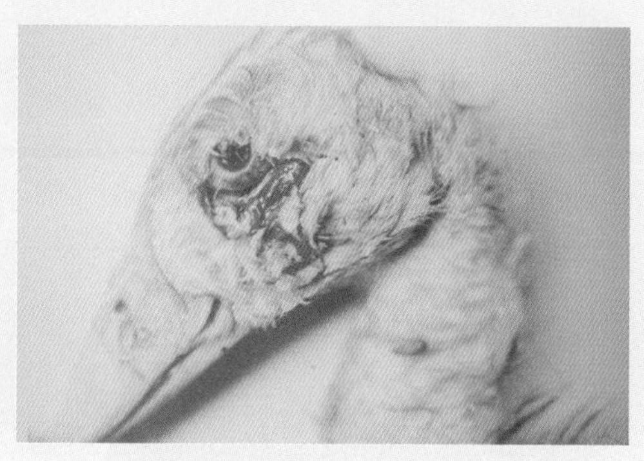

图1-2-12 眼结膜肿胀出血，瞬膜水肿增厚，有灰白色坏死溃疡灶
（禽病诊断彩色图谱）

图1-2-13 精神委顿，两翅下垂，两腿发软，伏坐地上，不愿下水，呼吸困难，叫声粗厉，咳嗽，腹泻

图1-2-14 头部肿大
（鸭病）

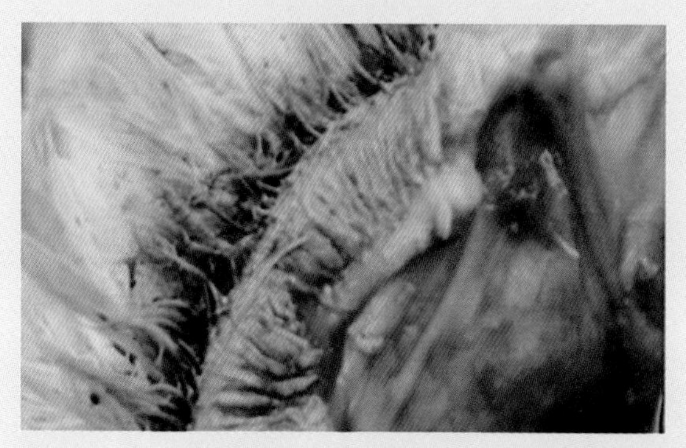

图1-2-15 肛门肿胀，严重者外翻，翻开肛门可见泄殖腔充血、水肿、有出血点，严重的黏膜表面覆盖一层假膜，不易剥离，粪便呈绿色或灰白色

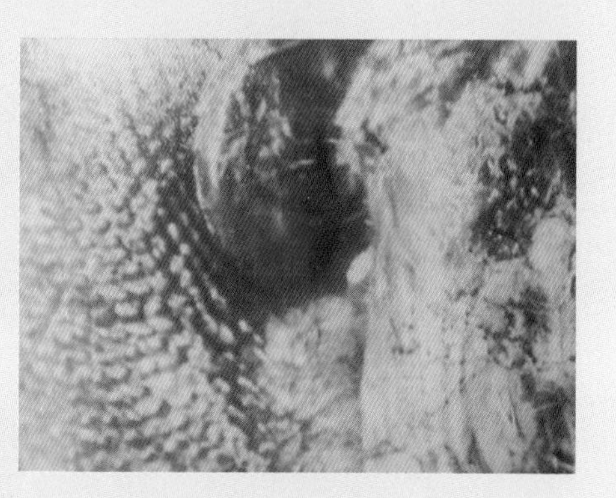

图1-2-16 皮肤充血、出血
（禽病诊断彩色图谱）

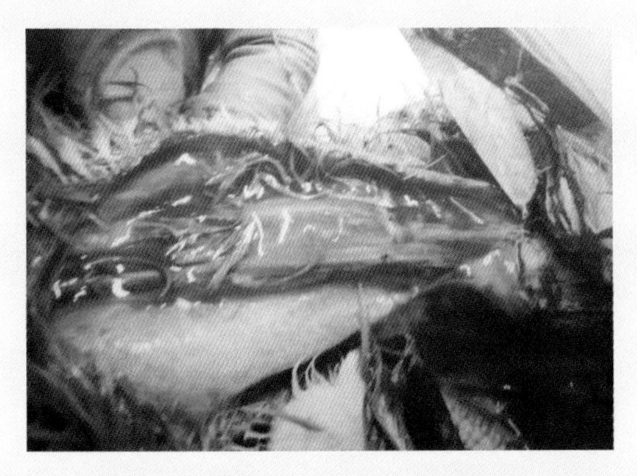

图1-2-17　颈部皮下胶冻样物
（禽病诊断彩色图谱）

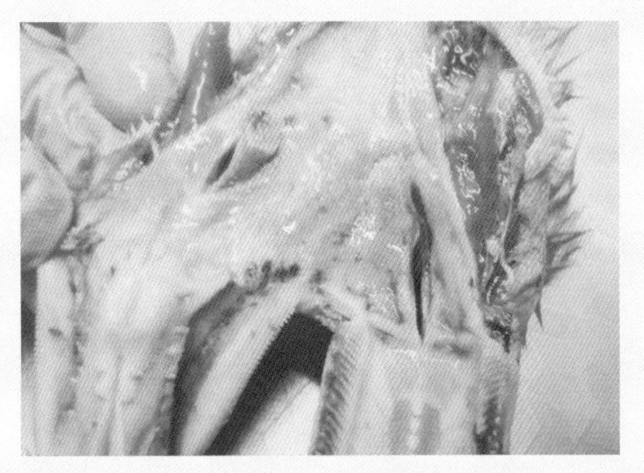

图1-2-18　口腔黏膜有散在性、大小不一出血点和出血斑
（禽病诊断彩色图谱）

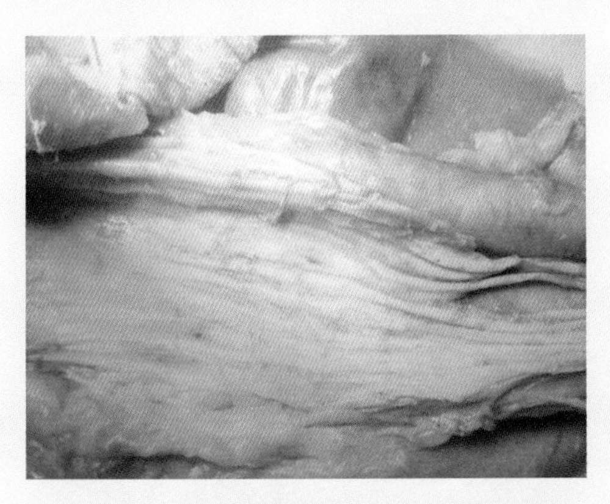

图1-2-19　食道黏膜有淡绿色纤维素附着，并有散在性灰白色粟粒样坏死
（禽病诊断彩色图谱）

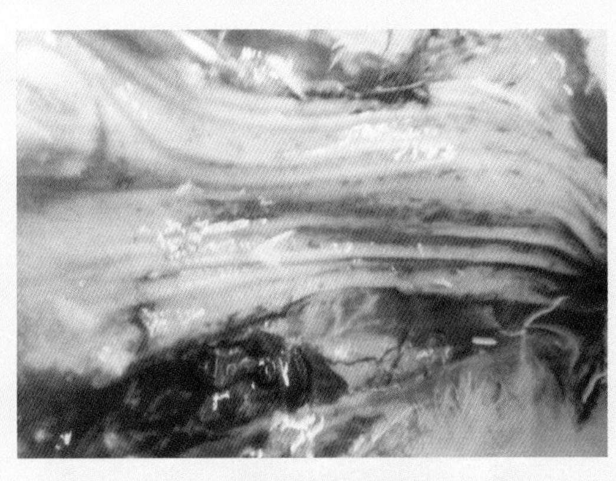

图1-2-20　食道黏膜有散在性出血斑
（禽病诊断彩色图谱）

图1-2-21　食道黏膜覆盖着灰黄色坏死物，形成大小不一的结痂病灶
（禽病诊断彩色图谱）

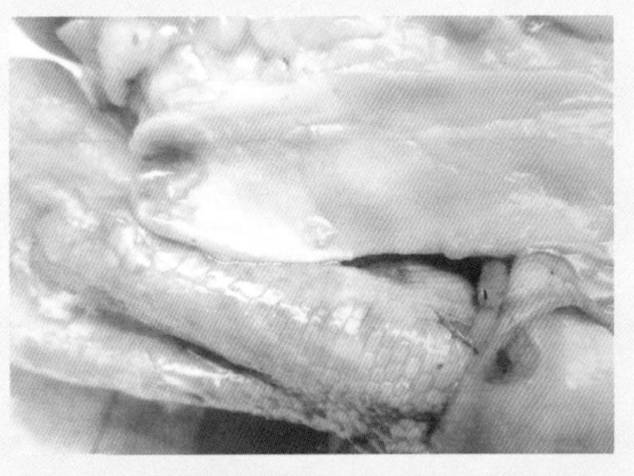

图1-2-22　肠道黏膜有突出于表面的灰黄色溃疡性坏死灶
（禽病诊断彩色图谱）

四、球虫病

球虫病（chicken coccidiosis）是由艾美耳属一种或多种球虫寄生于肠上皮细胞内引起的急性流行性寄生虫病。特征为衰弱和消瘦，运动失调，翅膀下垂，排出血便，盲肠和小肠受损。

临床症状：病鸭精神忧郁，羽毛松乱。衰弱，翅膀下垂，嗜睡，食欲废绝（图1-2-23至图1-2-26）。

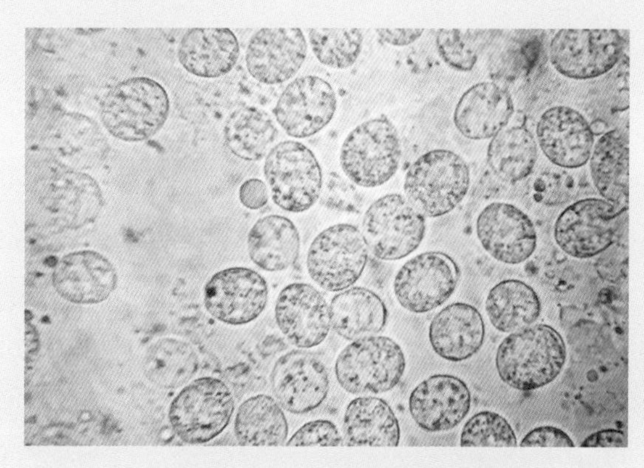

图1-2-23 毁灭泰泽球虫的卵囊形态
（鸭病诊疗原色图谱 第2版）

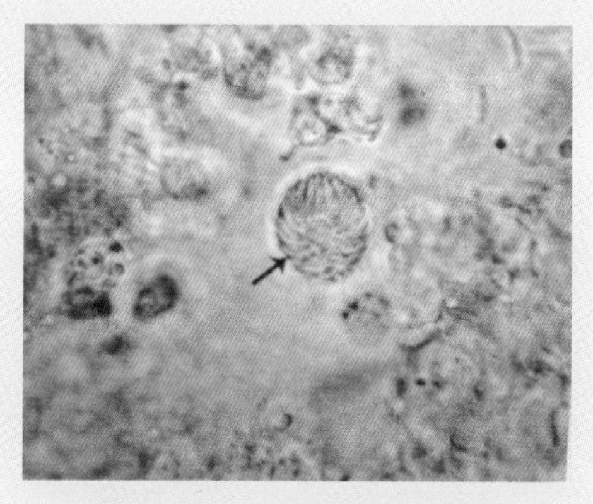

图1-2-24 鸭球虫裂殖体形态
（鸭病诊疗原色图谱 第2版）

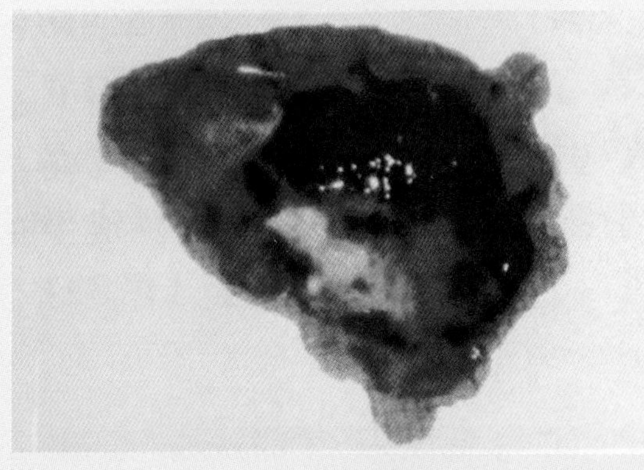

图1-2-25 腹泻，褐色或血性粪便，含有大量脱落的肠黏膜
（鸭病诊疗原色图谱 第2版）

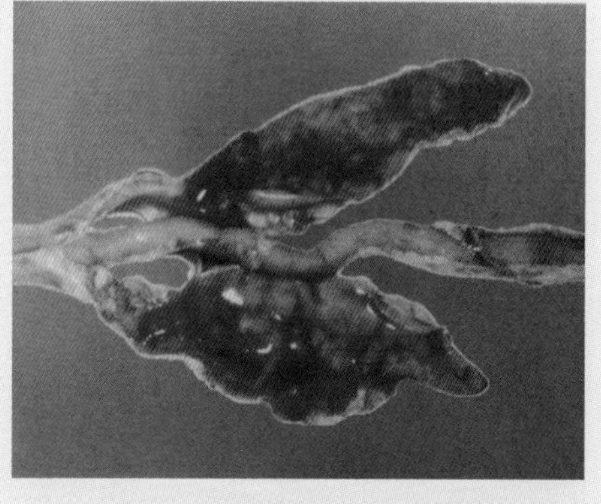

图1-2-26 盲肠膨胀且充满血性内容物
（鸭病诊疗原色图谱 第2版）

五、禽结核病

禽结核病（avian tuberculosis）主要是由禽分支杆菌引起的一种慢性传染病。

特征是消瘦，贫血，多种组织器官形成肉芽肿和干酪样钙化结节。

临床症状：病原侵害部位不同，症状各异（图1-2-27、图1-2-28）。①肠结核，可见腹泻，长期消瘦（图1-2-29、图1-2-30）；②肺结核，病禽咳嗽，呼吸粗、次数增加（图1-2-31）；③脑膜结核，出现呕吐、兴奋、抑制等神经症状；④关节炎或骨髓结核，出现跛行，一侧翅膀下垂；⑤肝结核，可见黄疸（图1-2-32）。

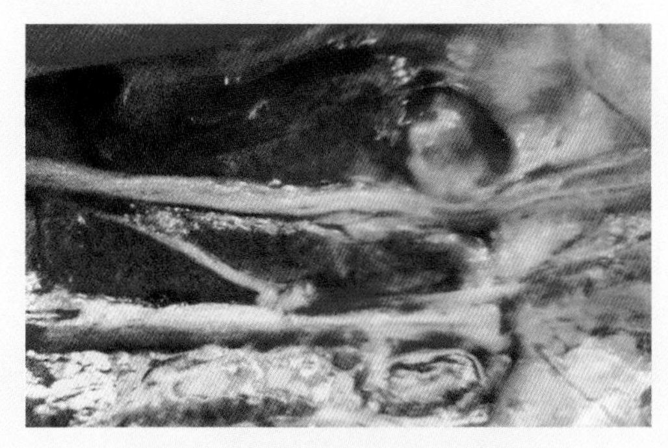

图1-2-27　肾脏的白色结核结节
（鸭病诊疗原色图谱　第2版）

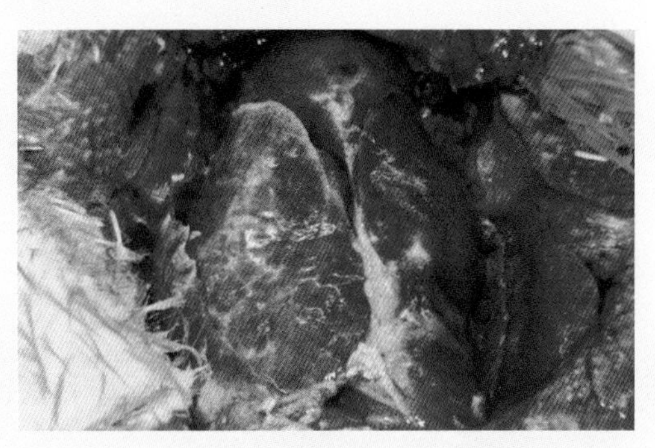

图1-2-28　心肌的白色结核结节
（鸭病诊疗原色图谱　第2版）

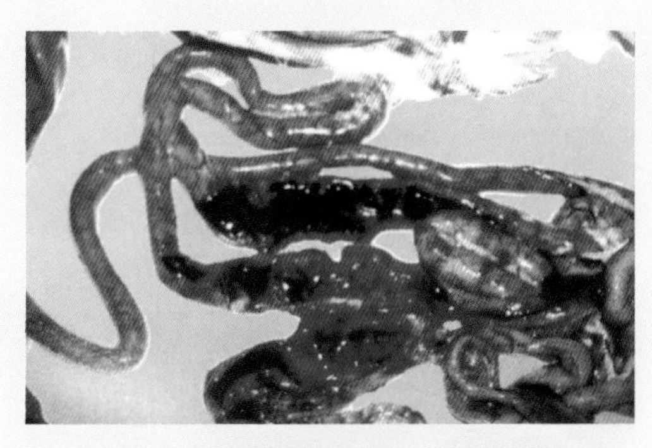

图1-2-29　肠管内充满大量血凝块
（鸭病诊疗原色图谱　第2版）

图1-2-30　肠黏膜肿胀、充血、出血
（鸭病诊疗原色图谱　第2版）

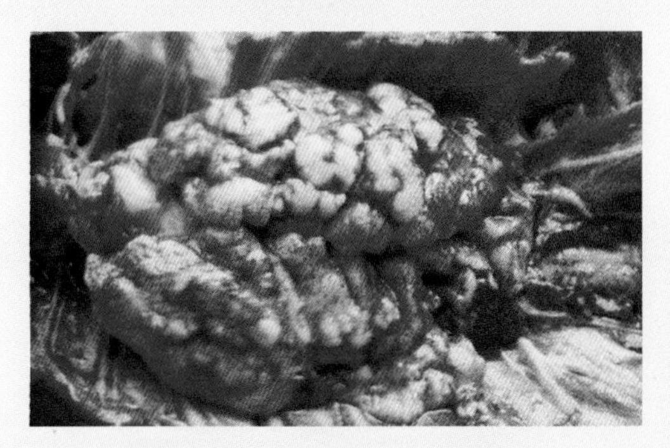

图1-2-31　肺脏的白色结核结节
（鸭病诊疗原色图谱　第2版）

图1-2-32　肝脏有点状或粟粒大黄白色结核结节
（鸭病）

第三节 鸭屠宰检验检疫主要品质异常肉

一、气味异常肉

检查鸭肉的气味，注意有无异味（图1-3-1至图1-3-5）。引起鸭肉气味和滋味异常的原因主要有饲料、贮藏环境等。

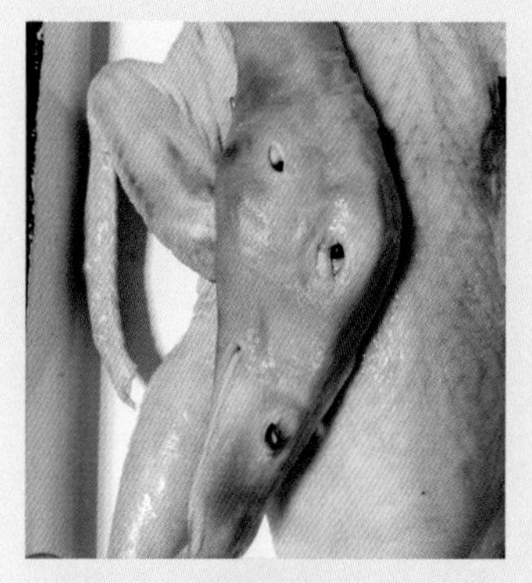

图1-3-1 鸭头部颜色异常（示例）

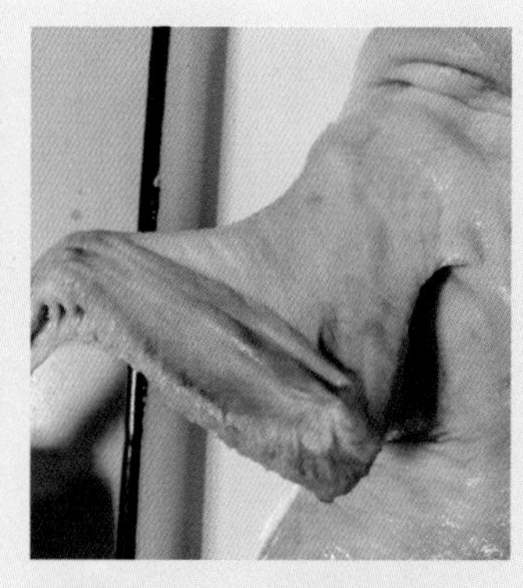

图1-3-2 鸭翅颜色异常（示例）

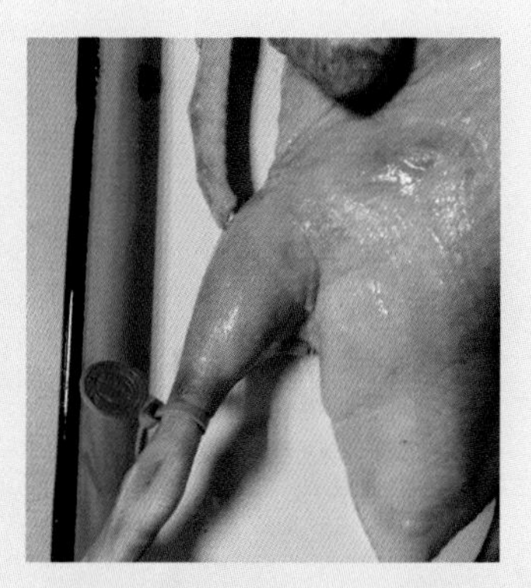

图1-3-3 鸭腿部颜色异常（示例）

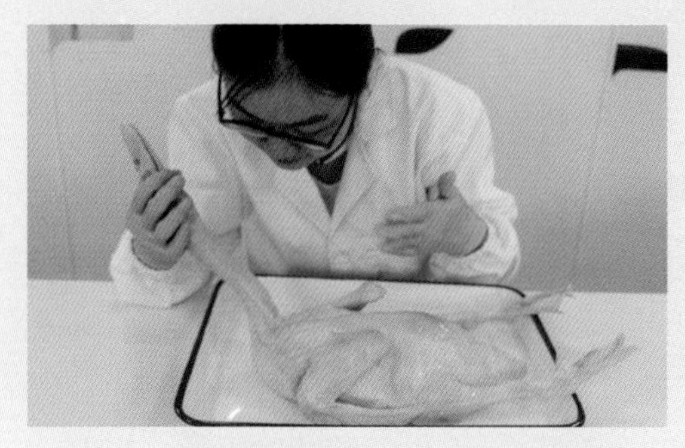

图1-3-4 检查鸭肉的气味，注意有无异味（示例）

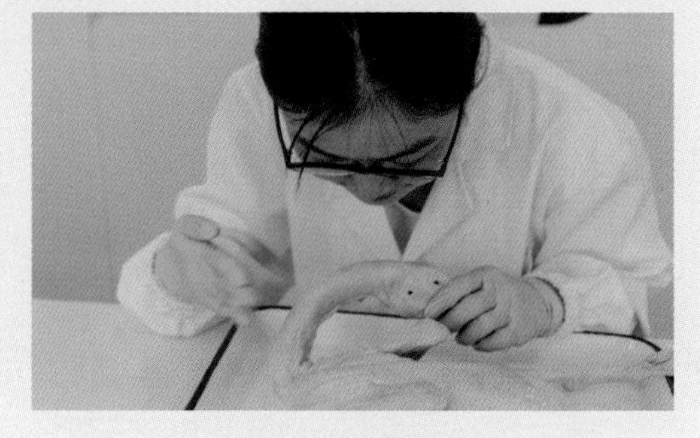

图1-3-5 正常的鸭子有鸭腥味（示例）

二、注水肉

注水鸭肉通常是向胴体肌肉丰满处或体腔内注入水，也有注入其他物质。鸭肉注入水和其他物质后，容易腐败变质，食用安全性降低。

注水肉性状及检验方法

感官检验通过视检、触检、剖检，检查禽肉的色泽、组织状态和弹性、切面状态。冻鸭肉稍解冻后，可见大腿内侧坚硬，切开后可见冰块，有时翅根内也有冰块，体腔也有类似变化。冻鸭肉解冻后，有大量血水流出（图1-3-6、图1-3-7）。

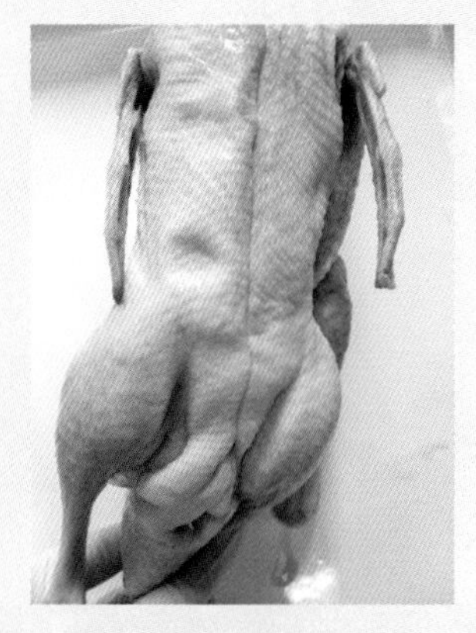

图1-3-6　鸭肉缺乏弹性，不黏手，指压凹陷往往不能完全恢复（示例）

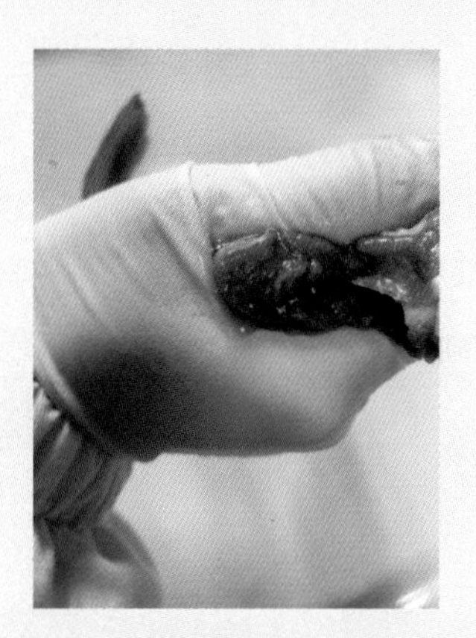

图1-3-7　切面有大量血水流出（示例）

三、组织器官病变

（一）出血

1．病原性出血　鸭发生传染病可见皮肤、皮下组织、肌肉、内脏有出血点或出血斑，如高致病性禽流感等。局部感染也有出血性变化（图1-3-8）。

2．机械性出血　捕捉、撞击、外伤、吊挂等时局部受损，引起出血。多见于体表、体腔、肌间、皮下、腿部等（图1-3-9）。

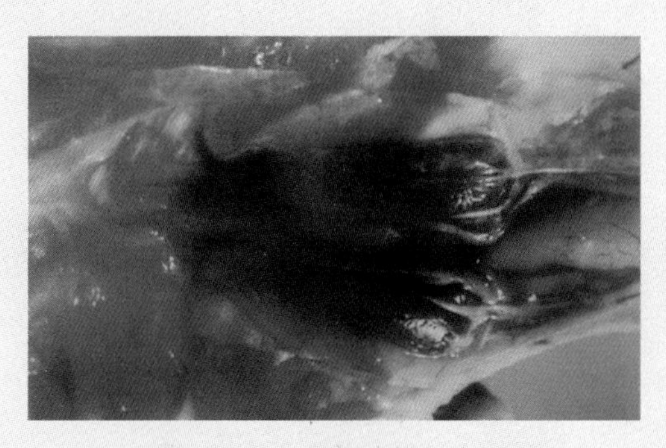

图1-3-8　病原性肝脏出血（鸭病）

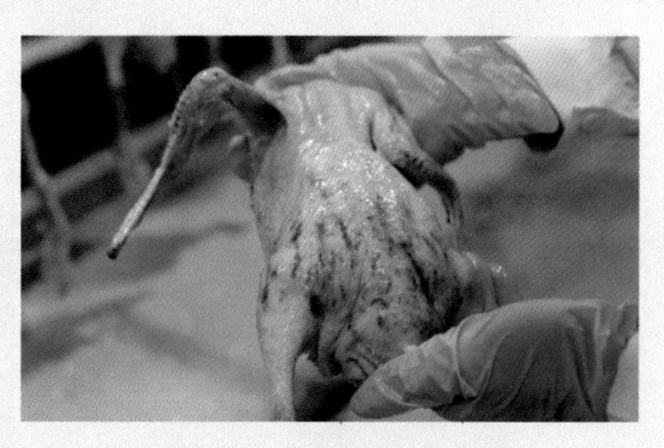

图1-3-9　机械性体表出血

（二）水肿

鸭水肿表现为皮肤肿胀，色泽变浅，失去弹性，皮下组织呈淡黄色胶冻状（图1-3-10）；黏膜水肿时，可见黏膜呈局限性和弥漫性肿胀。

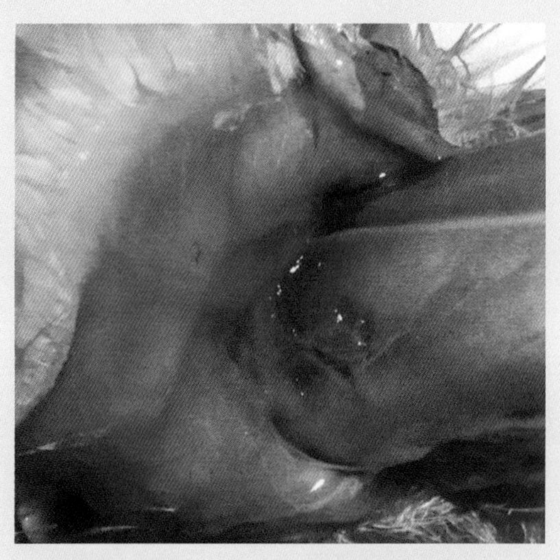

图1-3-10　皮下组织呈淡黄色胶冻状
（鸭病诊疗原色图谱　第2版）

（三）败血症和脓毒症

1．败血症　血液内病原菌大量繁殖并产生毒素引起全身广泛性出血和组织损伤的病理过程。败血症通常无特异性病变，一般表现为血凝不良，皮肤、全身浆膜、黏膜、淋巴结和实质器官充血、出血、水肿（图1-3-11、图1-3-12）。常见于传染病、感染性疾病。

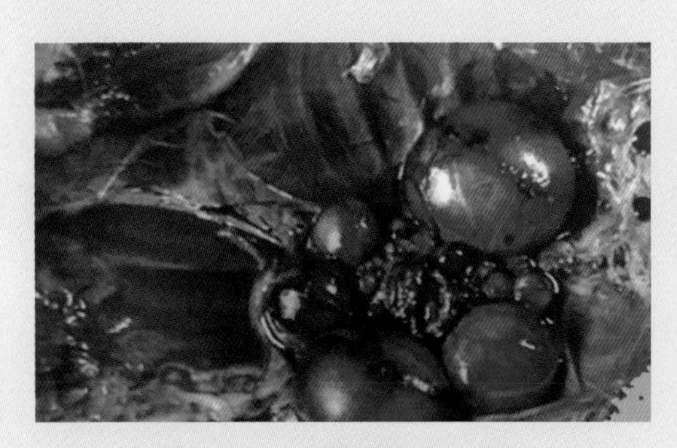

图1-3-11　卵泡膜充血、出血
（鸭病诊疗原色图谱　第2版）

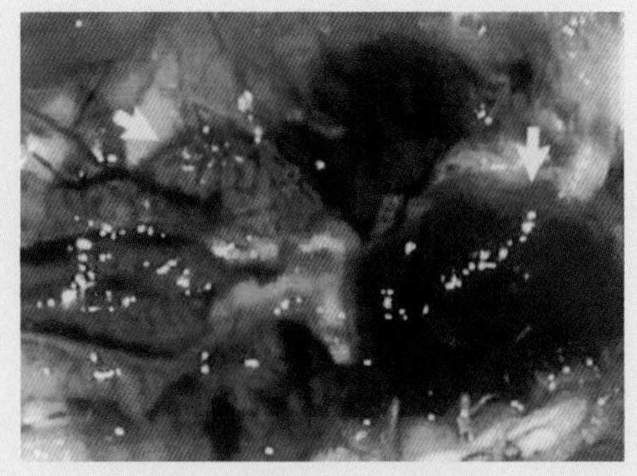

图1-3-12　肾脏、肺脏肿大、出血
（鸭病诊疗原色图谱　第2版）

2．脓毒症 血液内出现化脓性细菌而引起的败血症。化脓菌首先在局部感染引起化脓性炎症（图1-3-13），而后在血液内大量繁殖，播散到全身各组织器官，形成多发性转移性化脓病灶。

图1-3-13 化脓性炎症
（鸭病诊疗原色图谱 第2版）

第四节 鸭屠宰流程与消毒及人员防护要求

一、鸭屠宰工艺流程

鸭屠宰主要工艺流程详见图1-4-1。

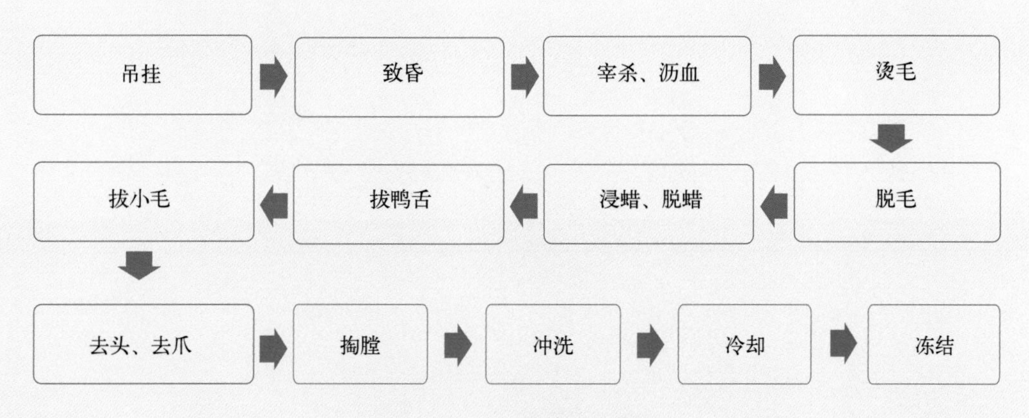

图1-4-1 鸭屠宰工艺流程

（一）吊挂

将鸭轻轻地从鸭笼中提出来，双手握住跗关节倒挂在挂具上（图1-4-2至图1-4-5）。

图1-4-2 将鸭轻轻地从鸭笼中提出来

图1-4-3 用双手各摆一只鸭蹼，握住跗关节

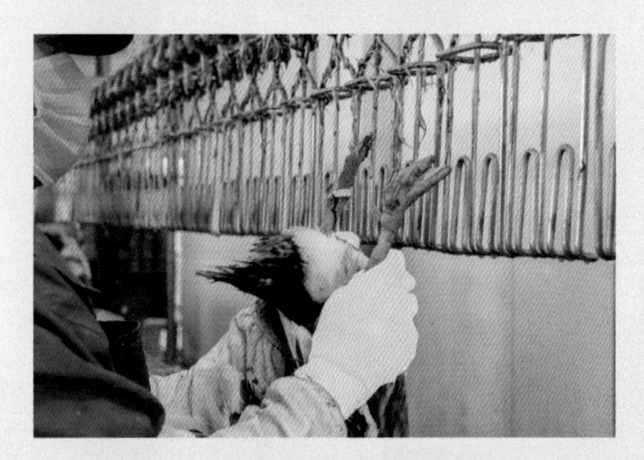

图1-4-4 将鸭的双腿同时挂在挂钩上

图1-4-5 吊挂

（二）致昏

可采用电致昏方法，使鸭处于无意识状态（图1-4-6至图1-4-8）。

图1-4-6 水浴式电麻致昏，电压为90～110V，电麻时间1～2s

图1-4-7　电麻前

图1-4-8　电麻后

（三）宰杀、沥血

人工放血部位准确，将颈部的气管、血管和食管一齐切断。鸭均可采用口腔或脖杀放血。沥血时间3～5min（图1-4-9至图1-4-12）。

图1-4-9　放血用左手将鸭头握住，使头左侧向上

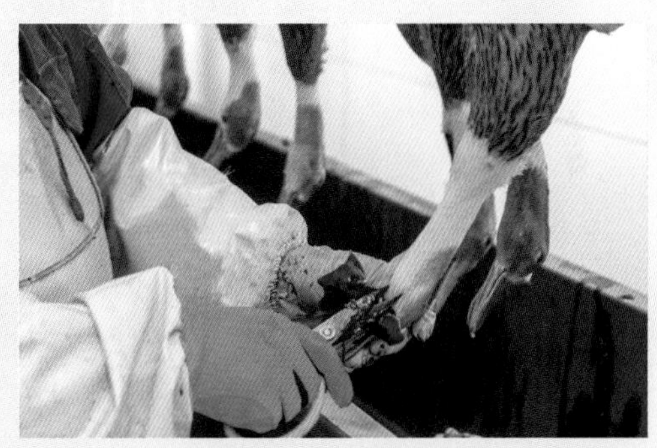
图1-4-10　距头腺1.5～2cm、舌骨末端1.5cm处颈部进刀

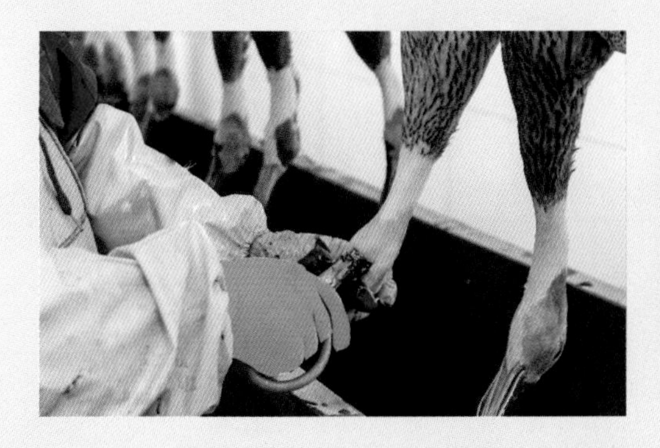
图1-4-11　将颈部的气管、血管和食管一齐切断

图1-4-12　沥血3～5min

（四）烫毛

浸烫的水温控制在58～62℃范围内。根据脱毛后鸭体表颜色、分割后大胸的颜色、小胸的工艺要求调整浸烫水的水温，时间宜为3～4min（图1-4-13、图1-4-14）。

图1-4-13 烫毛

图1-4-14 浸烫的水温控制在58～62℃范围内

（五）脱毛

调整脱毛机，确保脱毛效果好，及时更换破损脱毛机胶棒，保证脱毛效果（图1-4-15至图1-4-19）。

图1-4-15 颈部脱毛

图1-4-16　颈部脱毛前

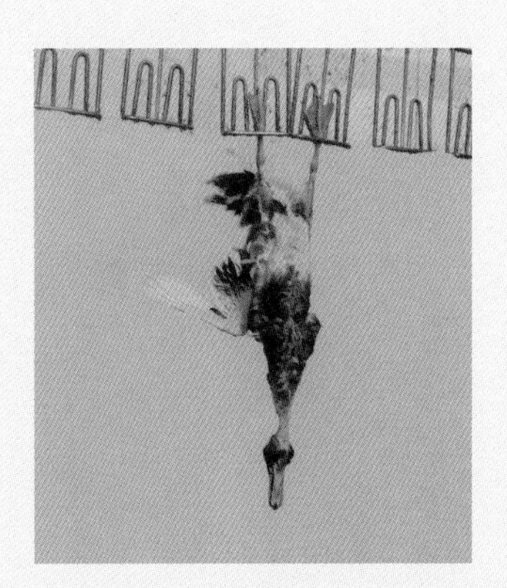
图1-4-17　颈部脱毛后

图1-4-18　体表打毛前

图1-4-19　体表打毛后

（六）浸蜡、脱蜡

浸蜡、脱蜡次数不宜少于3次，可根据产品工艺要求进行调整。要保证浸蜡槽温度的稳定，避免过高的温度（蜡壳薄、脱毛效果差且鸭体烫坏）和过低的温度（蜡壳过厚、脱毛效果差），如图1-4-20至图1-4-23所示。

图1-4-20　浸蜡

调整浸蜡槽温度在70℃左右

图1-4-21　冷却

冷却水温在25℃以下，鸭体在快速通过浸蜡后及时得到冷却，在鸭体表结成完整的蜡壳

图1-4-22 机械剥蜡

图1-4-23 人工剥蜡

（七）拔鸭舌

先用尖嘴钳将鸭舌向外拔出，再由专职修剪人员进行修剪（图1-4-24）。

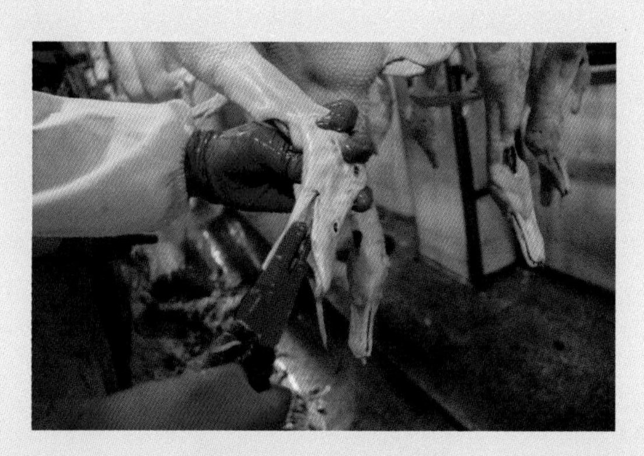
图1-4-24 拔去鸭舌

（八）去除鼻腔异物

用特制工具对鼻腔进行处理（图1-4-25）。

图1-4-25 将特制工具从鼻腔右侧穿入左侧穿出，除去鼻腔异物

（九）拔小毛

在水中，拔毛工及时用镊子将鸭体表残留小毛摘除干净，毛净度检验合格后将鸭放入槽子里（图1-4-26）。

图1-4-26　拔小毛

（十）掏膛

用刀沿鸭下腹中线划开鸭膛，不得切开肠管和肛门（图1-4-27）。依次掏出鸭肠（图1-4-28、图1-4-29）、鸭胗（图1-4-30）、鸭心、鸭肝（图1-4-31）、板油（图1-4-32）、食管、气管等内脏。

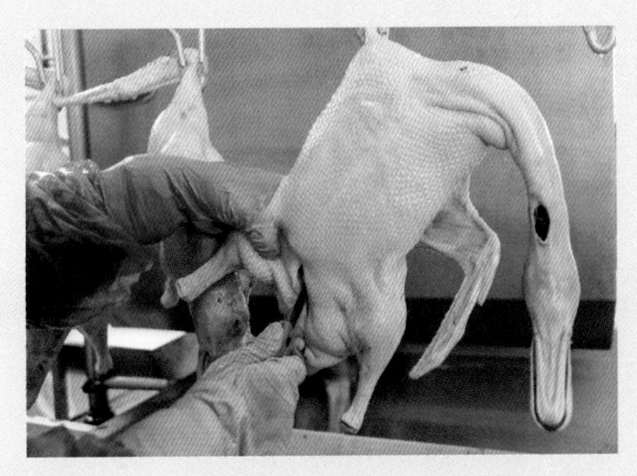

图1-4-27　用刀沿鸭下腹中线划开鸭膛，不得切开肠管和肛门

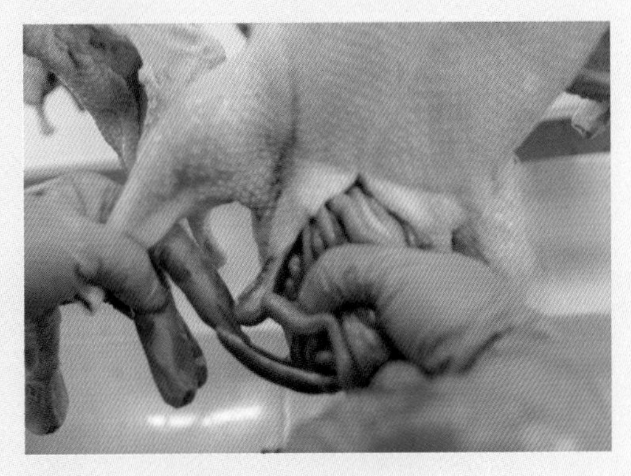

图1-4-28　掏出鸭肠（1）

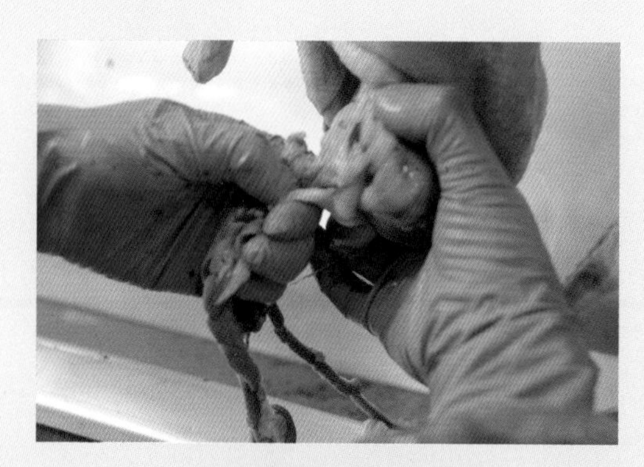

图1-4-29 掏出鸭肠（2）

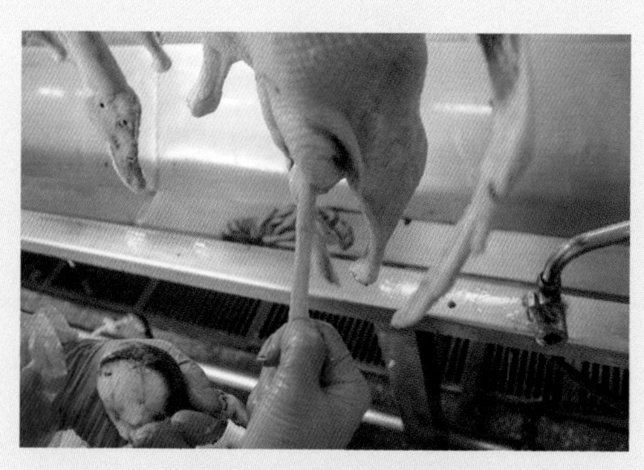

图1-4-30 掏出鸭胗

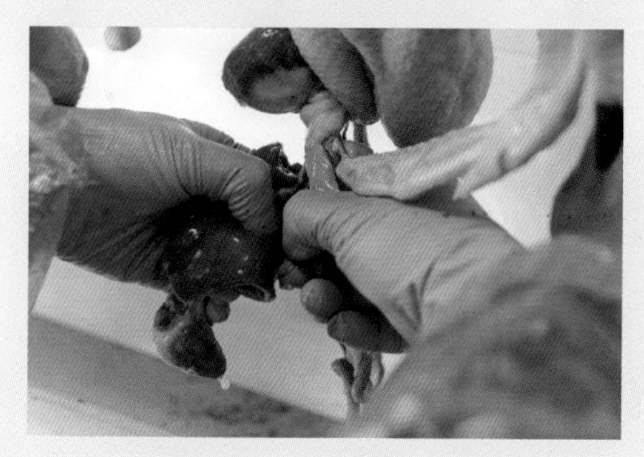

图1-4-31 掏出鸭心、鸭肝

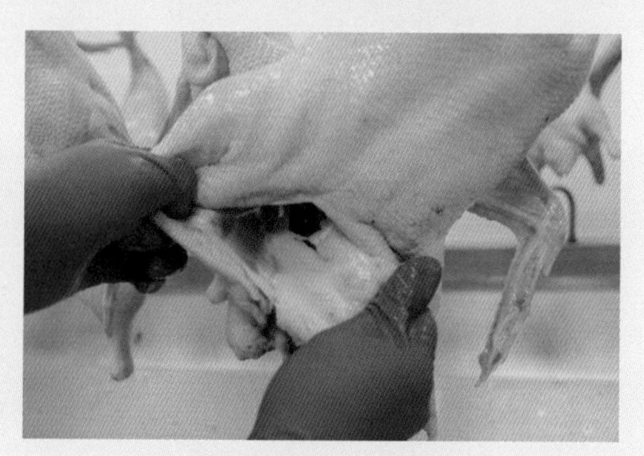

图1-4-32 掏出板油

注意：避免划破鸭肠造成粪便污染，或损坏鸭胆造成胆汁污染。工具每10min消毒一次；被污染的工具应立即更换消毒。

（十一）冲洗

及时进行内外冲洗，要保证内外冲洗水管的压力正常，水量充足，内外冲洗效果明显，胴体表面无可见污物（图1-4-33）。

图1-4-33 冲洗去除体表、体腔污染物

（十二）冷却

预冷池水温不得超过4℃，冷却后的肉鸭胴体中心（胸部深处）温度保持在4℃以下（图1-4-34）。

图1-4-34 预冷装置

（十三）冻结

包装后的产品及时入库（−28℃），速冻。冻品中心温度≤−15℃（图1-4-35、图1-4-36）。

图1-4-35 冷库（1）

图1-4-36 冷库（2）

二、鸭屠宰过程的关键控制点

（一）关键控制点一

检查送宰鸭只的精神状况、体温、羽毛、天然孔、爪，观察有无异常，并将不合格鸭及时摘下，并根据检验结果进行处理（图1-4-37、图1-4-38）。

图1-4-37 鸭体检查（1）

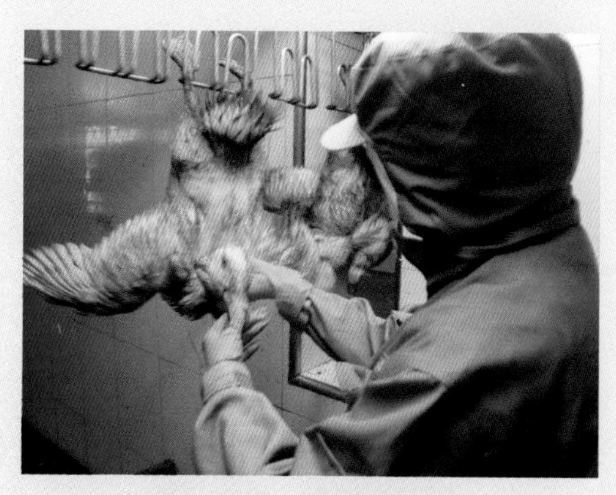
图1-4-38 鸭体检查（2）

（二）关键控制点二

在鸭屠宰后，由专职人员负责对鸭体表、胴体、内脏进行检查，并将不合格鸭及时摘下，并根据检验结果进行处理（图1-4-39至图1-4-42）。

图1-4-39 逐只检查

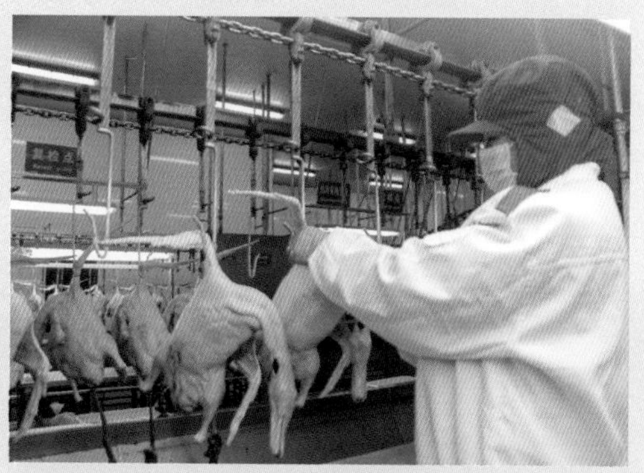
图1-4-40 病鸭摘除（1）

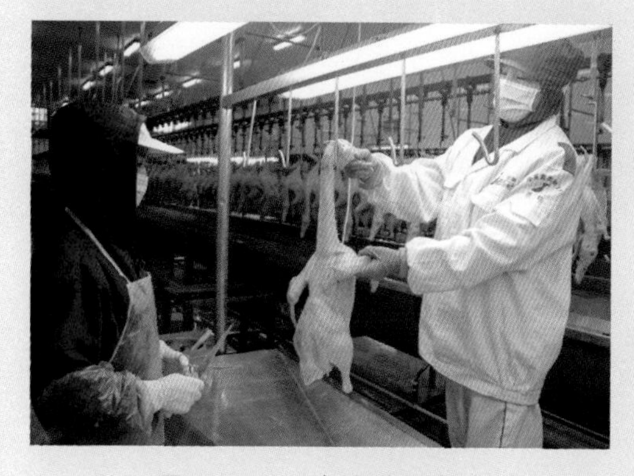
图1-4-41 病鸭摘除（2）

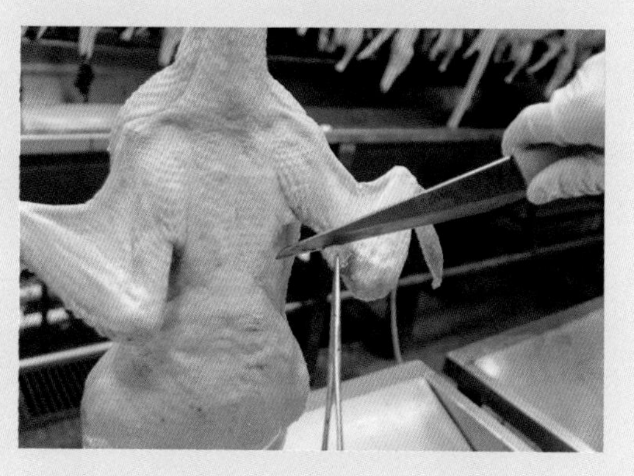
图1-4-42 病变部位切割

（三）关键控制点三

预冷水温0～4℃，预冷时间不少于23min（图1-4-43、图1-4-44），预冷后肉中心温度4℃以下。

图1-4-43 预冷（1）

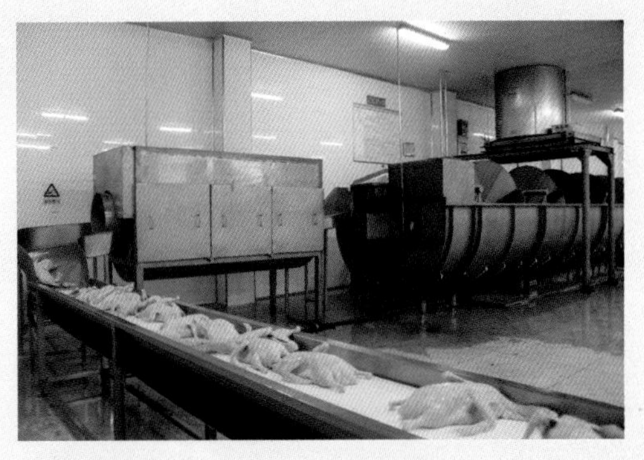

图1-4-44 预冷（2）

（四）关键控制点四

控制肉成品内≥1.5mm的铁质金属异物、≥2.5mm的非铁质金属异物不得检出（图1-4-45、图1-4-46）。

图1-4-45 金属探测

图1-4-46 不合格品放置处

三、消毒及人员防护要求

（一）进出场消毒

消毒池长度设置与场区出入口处门同宽，长4m、深0.3m以上的消毒池内置2%～3%的氢氧化钠溶液或使用含有效氯在600～700mg/L的消毒溶液（图1-4-47）。

配置低压消毒器械，对进出场车辆喷雾消毒（图1-4-48）。

图1-4-47 进出场车辆消毒池

图1-4-48 车辆喷雾消毒

（二）车间消毒

每日屠宰前清除地面、墙面和设备表面污物。

车间、卫生间入口处及靠近工作台的地方，应设有洗手、消毒和干手设施以及工具清洗、消毒设备（图1-4-49）。

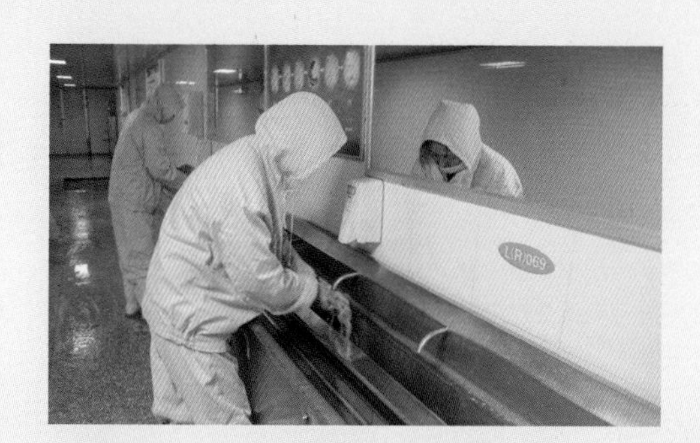

图1-4-49 设置洗手、消毒设备

屠宰分割车间应设置与门同宽的鞋底消毒池（内置有效氯含量为600～700mg/L的消毒液）；病鸭隔离间、无害化处理车间的门口，应设车轮、鞋靴消毒设施（图1-4-50、图1-4-51）。

图1-4-50 鞋靴消毒池

图1-4-51 次氯酸钠消毒剂

（三）工具消毒

1．刀具每天洗净、煮沸消毒后浸入0.1%的苯扎溴铵溶液内，或用0.5%的过氧乙酸、60mg/L的次氯酸钠溶液浸泡消毒（图1-4-52、图1-4-53）。

图1-4-52 刀具消毒柜

图1-4-53 刀具存放柜

2．胶靴、围裙等橡胶制品用2%～5%的福尔马林溶液进行擦拭消毒，工作服、口罩、手套等进行煮沸消毒，或采用一次性用品。

3．屠宰过程中与胴体接触的工具应用不低于40℃的热水清洗，不低于82℃的热水消毒（图1-4-54、图1-4-55）。

图1-4-54 热水清洗消毒

图1-4-55 器具清洗消毒

（四）人员消毒

1．工作人员进入生产区前，必须在消毒间用75%乙醇擦拭消毒或用0.002 5%的碘溶液洗手消毒，并更换工作衣帽。有条件的企业可以先淋浴，更衣后进入生产区（图1-4-56、图1-4-57）。

图1-4-56　工作人员更换工作衣帽

图1-4-57　工作区前洗手消毒

2．生产中清洁作业区工人每小时用75%乙醇进行1次手部消毒。

3．生产结束后应将加工器具放入指定地点，更换工作衣帽，对双手进行彻底消毒后方可离开生产区。

4．通常的消毒顺序　冲洗→洗手液→冲洗→消毒→冲洗→干手（一次性干手纸巾），如图1-4-58所示。

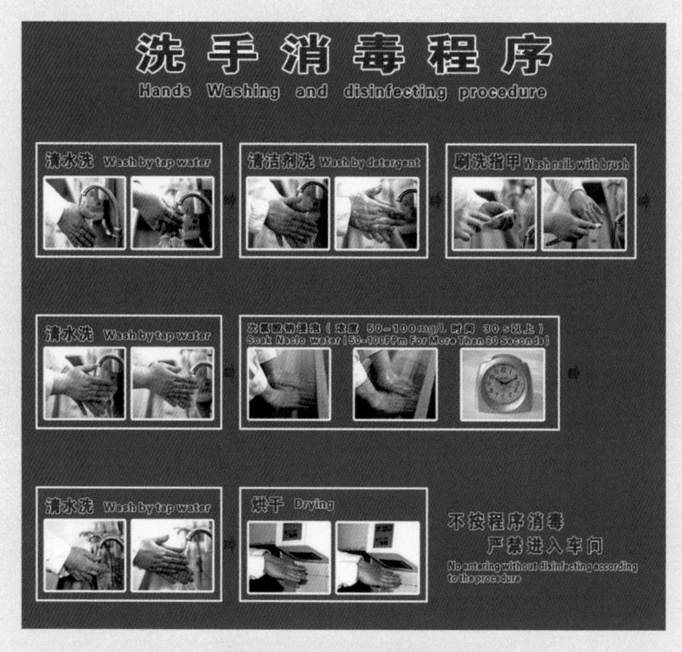

图1-4-58　洗手消毒程序

（五）运输工具消毒

运输动物及其产品的运输工具，卸车后应进行清洗和消毒。

清洗消毒方法：首先进行机械清扫，然后用水冲刷干净（图1-4-59）；再用50～100mg/kg的含氯消毒剂喷雾或喷洒消毒。

图1-4-59 清水冲洗运输工具

第二章

宰前检验检疫

第一节 鸭接收过程中的检验检疫

一、查证验物

鸭从产地运入屠宰场（厂、点）后，在卸车或船前，首先检查产地出具的《动物检疫合格证明》是否符合要求（图2-1-1、图2-1-2）。

图2-1-1 查证验物

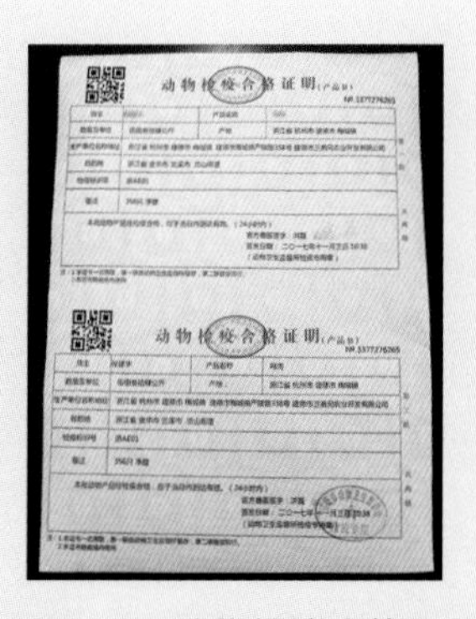

动物检疫合格证明

动物检疫合格证明

图2-1-2 动物检疫合格证明

二、询问

询问货主，了解鸭运输途中有关情况，核对鸭种类和数目，了解途中病、亡情况（图2-1-3、图2-1-4）。

图2-1-3 询问货主

图2-1-4 核对鸭种类和数目

三、临床检查

卸车时，注意观察鸭的精神状况、外貌、呼吸状态及排泄物状态等。无异常的，按产地分类将健康鸭送入待宰圈休息，禁止将不同货主、不同批次的鸭混群（图2-1-5、图2-1-6）。

图2-1-5　对异常的鸭只进行个体检查

图2-1-6　对随机抽取的鸭只进行个体检查

第二节　待宰期间的检验检疫

一、群体检查

将来自同一地区、同一运输工具、同一圈舍的鸭作为一群进行健康检查。观察鸭群精神状况、外貌、呼吸状态、运动状态、饮水饮食情况及排泄物状态等有无异常。如果发现病鸭或可疑有病的，要做好记号，以便进行个体检查。群体检查主要进行下述“三态”检查。

（一）静态检查

注意有无精神不振或沉郁、严重消瘦、站立不稳、独立一隅、呼吸困难、昏睡等异常情况（图2-2-1、图2-2-2）。

图2-2-1 在安静的状态下，观察鸭的精神状态、外貌、羽毛、立卧姿势、呼吸状态、分泌物等

图2-2-2 病鸭无法正常站立

（二）动态检查

注意有无行走困难、步态不稳、共济失调、离群掉队、跛行、翅下垂、瘫痪等异常行为（图2-2-3、图2-2-4）。

图2-2-3 病鸭行走困难，瘫痪

图2-2-4 驱赶鸭群，检查运动状态

（三）饮水及排泄检查

注意观察饮水、排泄物等现象（图2-2-5、图2-2-6）。

图2-2-5 检查鸭的饮水、吞咽情况

图2-2-6 检查排泄物的色泽、质地、气味等

二、个体检查

个体检查是对群体检查时发现的异常个体和随机抽取的鸭只（每车抽60～100只），逐只进行健康检查。通过视诊、触诊、听诊等方法，检查鸭个体精神状况、体温、呼吸、羽毛、天然孔、爪、粪便等有无异常。

（一）视诊（图2-2-7至图2-2-10）

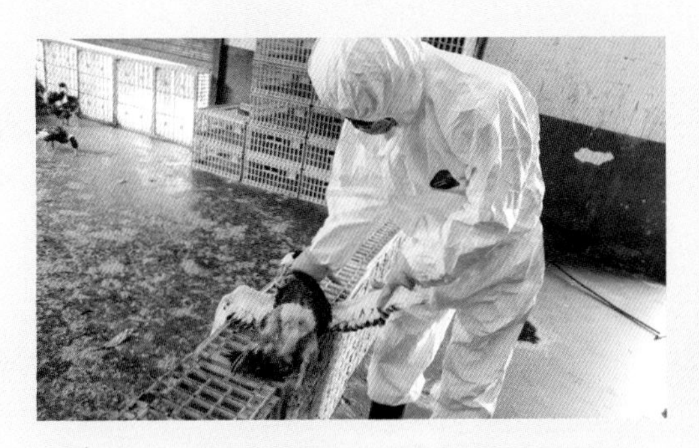

图2-2-7 观察鸭的精神外貌、羽毛和皮肤

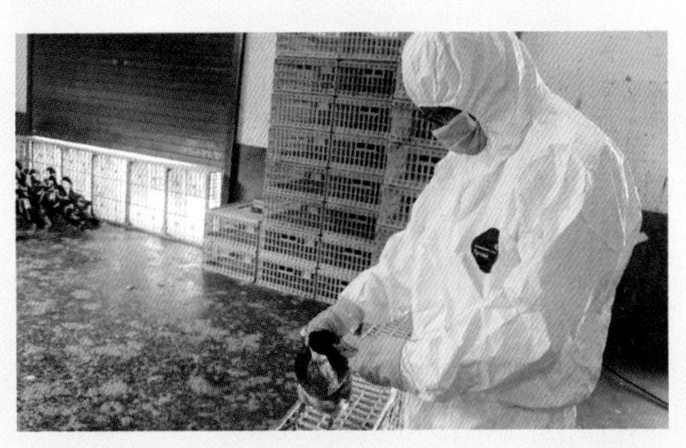

图2-2-8 观察可视黏膜、眼结膜、天然孔

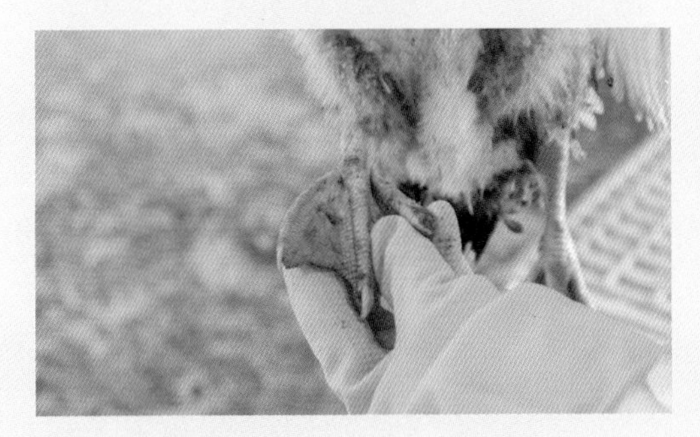

图2-2-9 观察鸭掌

图2-2-10 观察运动姿势、排泄物

（二）触诊（图2-2-11、图2-2-12）

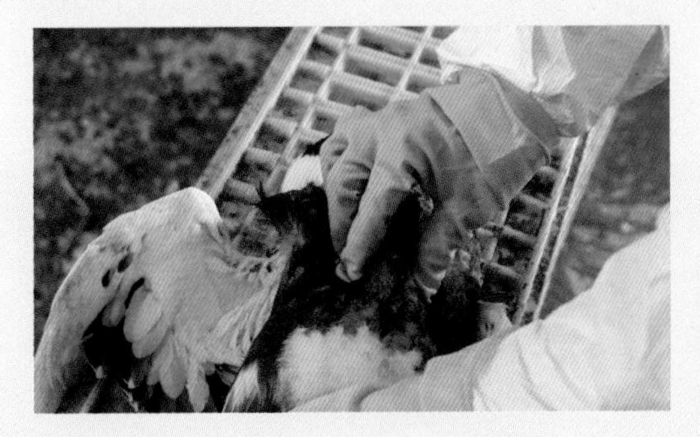

图2-2-11 注意皮肤有无肿胀、结节等

图2-2-12 用手触摸鸭子胸前、腹下等部位

（三）听诊（图2-2-13、图2-2-14）

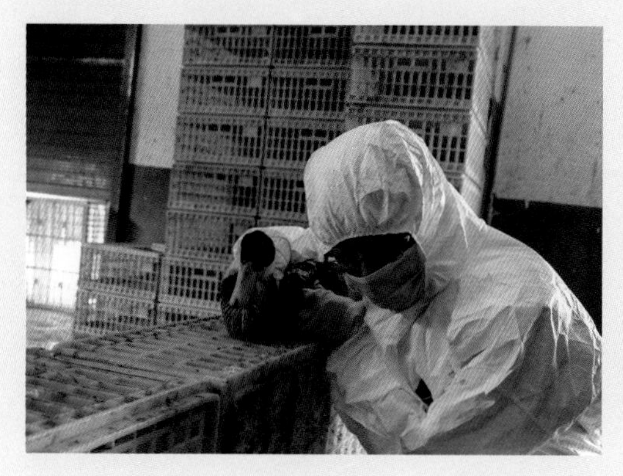

图2-2-13 用耳朵听鸭的呼吸状况

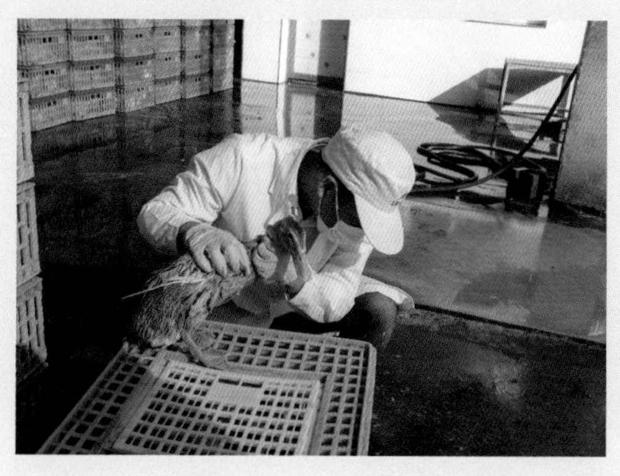

图2-2-14 注意有无咳嗽、鸣叫、呼吸困难等异常状况

三、停食静养及喂水

停食管理是指鸭屠宰前一定的时间内停止喂食（图2-2-15），但应充分给予清洁饮水（图2-2-16）。停食一定时间的鸭，宰杀时不仅放血完全，由于胃肠内容物少，便于加工并可减少对产品的污染，同时还有利于延长肉品的保存期和提高肉品质量。

图2-2-15 停止喂食

图2-2-16 喂清洁水

四、送宰

活鸭送宰前，检验检疫人员还要进行一次全面检查，确认健康的，方可屠宰（图2-2-17）。

五、急宰

确认为无碍肉食安全且濒临死亡的鸭视情况进行急宰。在检验过程中发现难以确诊的病鸭时，及时向相关部门报告，并进行会诊处理（图2-2-18）。

图2-2-17 送宰

图2-2-18 发现病鸭及时报告

第三节 宰前检验检疫内容及要点

在鸭宰前检验检疫中，重点检查《家禽屠宰检疫规程》规定的高致病性禽流感、禽白血病、鸭瘟、球虫病、禽结核病等疾病，同时注意其他传染病、外伤、中毒、应激性疾病等。

1．鸭出现精神沉郁，眼结膜潮红，肿头流泪，两脚发软，呼吸困难，蛋鸭出现神经症状等症状的，怀疑感染高致病性禽流感，如图2-3-1至图2-3-4所示。

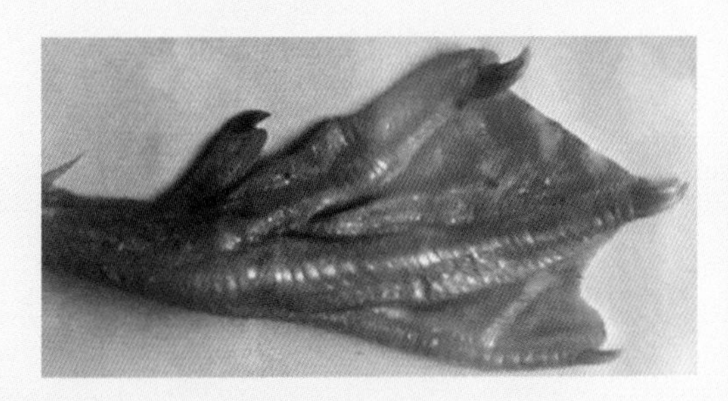

图2-3-1 鸭蹼充血、出血
（鸭病）

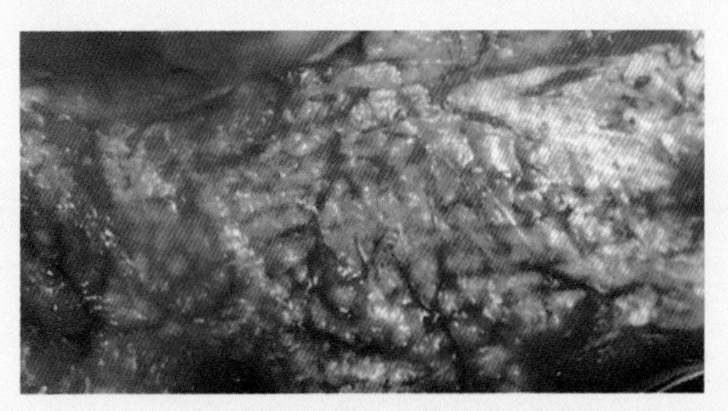

图2-3-2 皮下充血、出血
（鸭病）

图2-3-3 全身皮肤充血、出血
（鸭病）

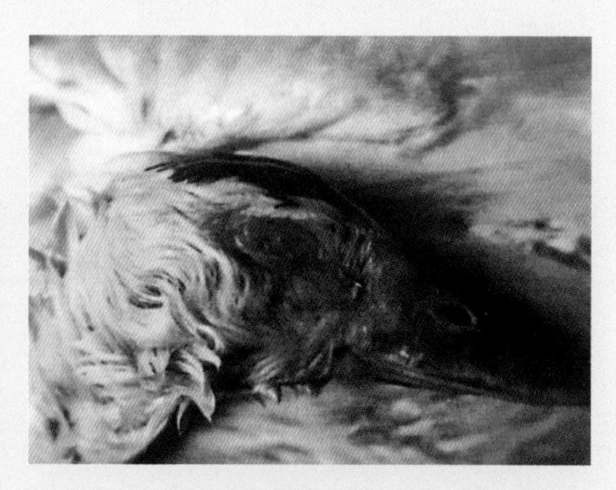
图2-3-4 喙和头部皮肤充血、出血
（鸭病）

2．鸭出现精神不振，食欲减退，排黄绿色粪便，腹部异常膨大，产蛋停止等症状的，怀疑感染禽白血病。

3．鸭出现体温升高，流泪，两腿麻痹，翅下垂、脚无力，不能站立，下痢，排绿色稀粪（图2-3-5），部分病鸭头颈部肿大，食欲减退或废绝，眼流浆性或脓性分泌物（图2-3-6）等症状的，怀疑感染鸭瘟。

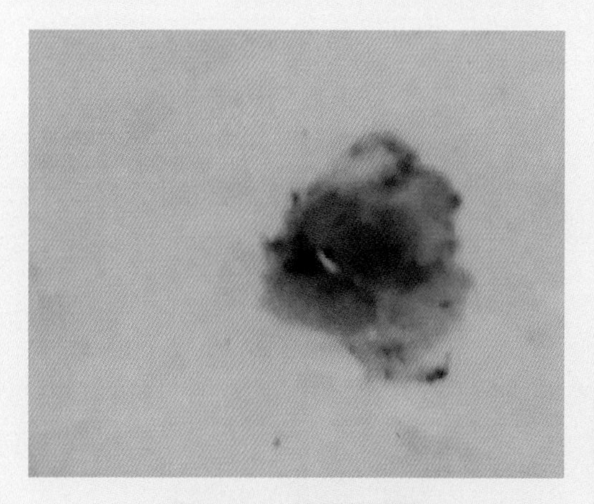
图2-3-5 排绿色稀粪

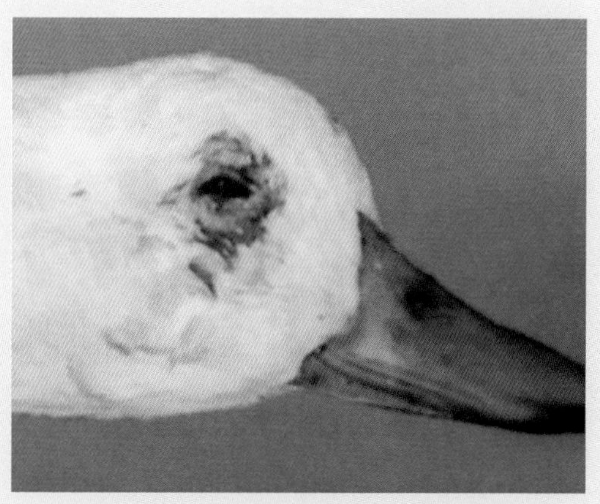
图2-3-6 眼流浆性或脓性分泌物
（鸭病诊疗原色图谱 第2版）

4．鸭出现精神沉郁，呆立，食欲不振，贫血，嗜眠，脚软，走路不稳，拉稀，排橘红色或血样粪便（图2-3-7），死亡等症状的，怀疑感染鸭球虫病。

5．鸭出现进行性消瘦，精神委顿，不喜活动，不愿下水，常呈跛行或跌倒，下痢（图2-3-8），贫血等症状的，怀疑感染禽结核病。

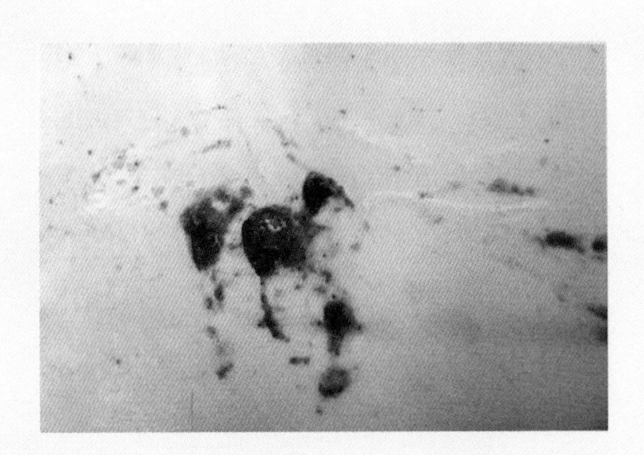

图2-3-7　病鸭排泄的血性粪便
（鸭病诊疗原色图谱　第2版）

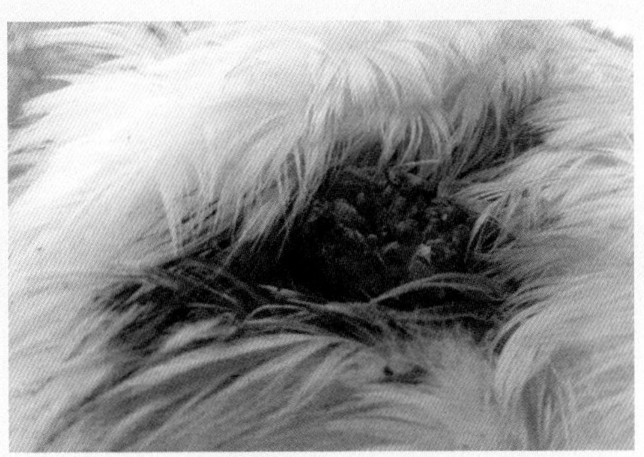

图2-3-8　下痢

第三章

宰后检验检疫

第一节 屠体检查

一、体表检查

首先观察放血程度，视检体表的色泽、气味、光洁度、完整性，注意有无水肿、痘疮、化脓、外伤、溃疡、坏死灶、肿物等病变，并注意腹下是否有特大突出（图3-1-1至图3-1-8）。

图3-1-1 体表检查

图3-1-2 宰后体表检查

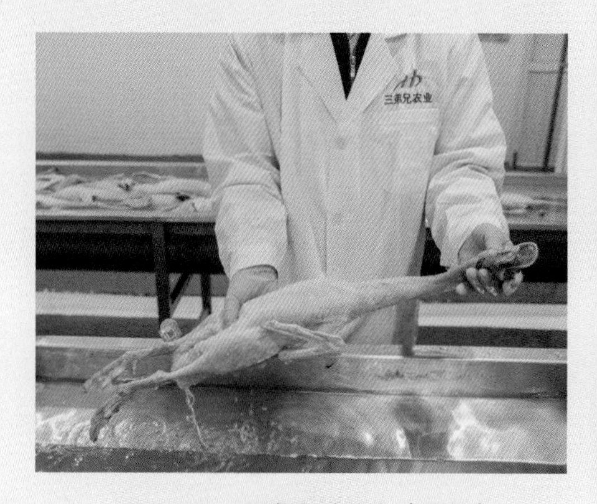

图3-1-3 正常肉鸭体表（示例）

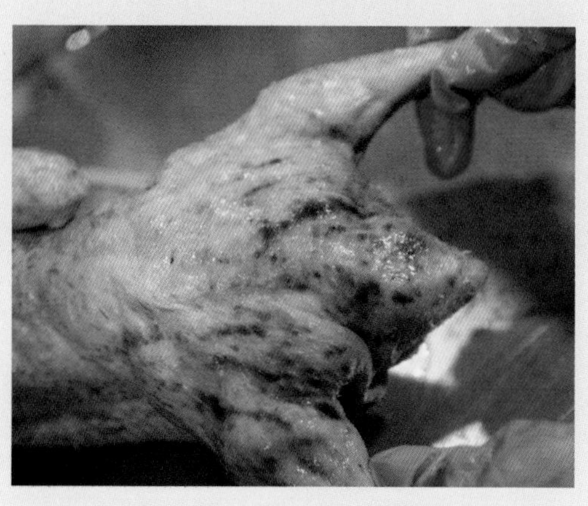

图3-1-4 体表出血（示例）

图3-1-5　腹下突出（示例）

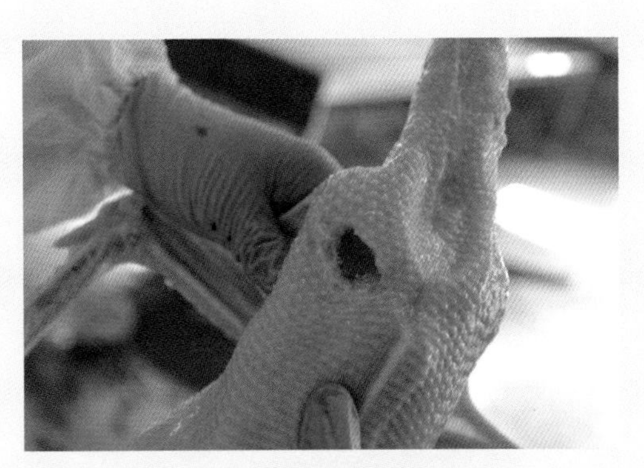

图3-1-6　体表存在破损（示例）

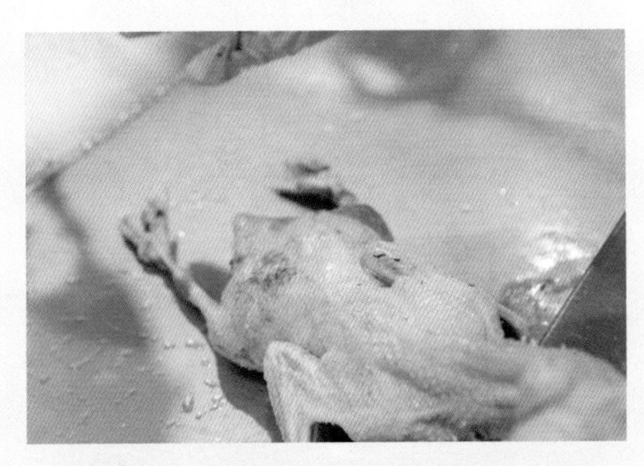

图3-1-7　体表有外伤，皮下淤血（示例）

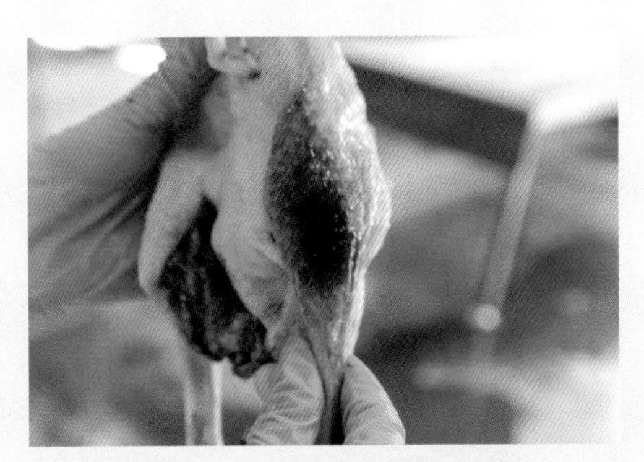

图3-1-8　腿部肌肉出血（示例）

二、眼睛检查

检查眼结膜，眼睑是否正常，注意眼睑有无出血、水肿、结痂等病变，眼球是否下陷，虹膜的色泽及瞳孔的形状、大小是否正常（图3-1-9至图3-1-12）。

图3-1-9　检查肉鸭眼睛

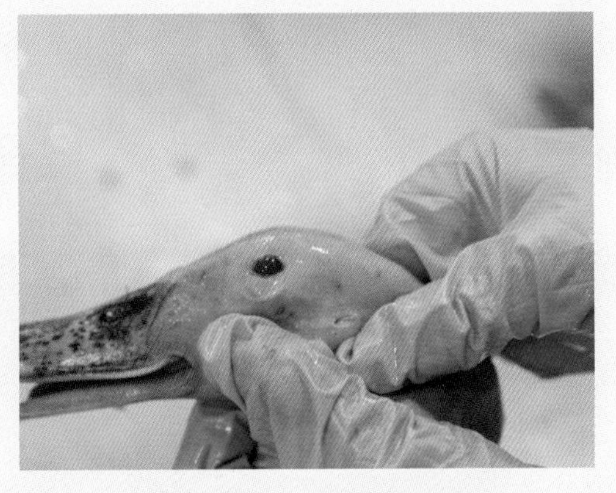

图3-1-10　正常肉鸭眼睛

图3-1-11 病鸭眼结膜呈蓝色、混浊

图3-1-12 病鸭眼结膜混浊

三、鸭掌检查

视检鸭掌色泽，观察有无出血、淤血、增生、肿物、溃疡及结痂等（图3-1-13至图3-1-18）。

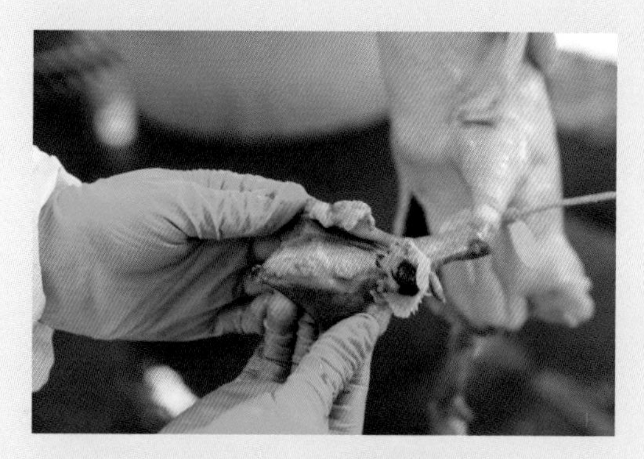

图3-1-13 检查肉鸭鸭掌

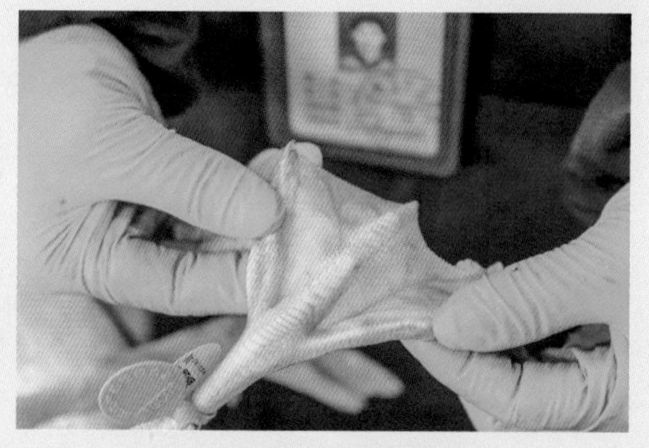

图3-1-14 正常肉鸭鸭掌

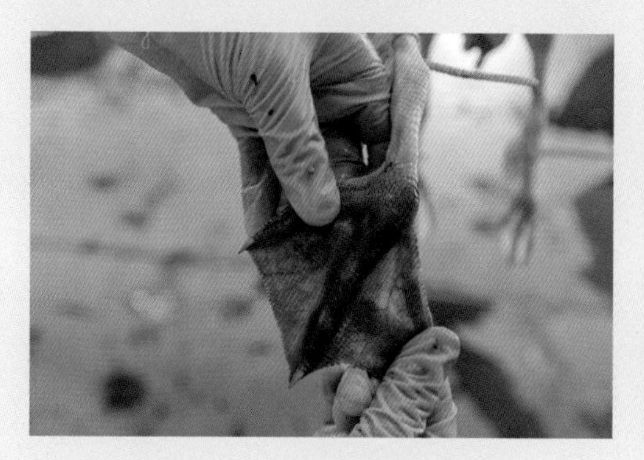

图3-1-15 鸭蹼严重充血

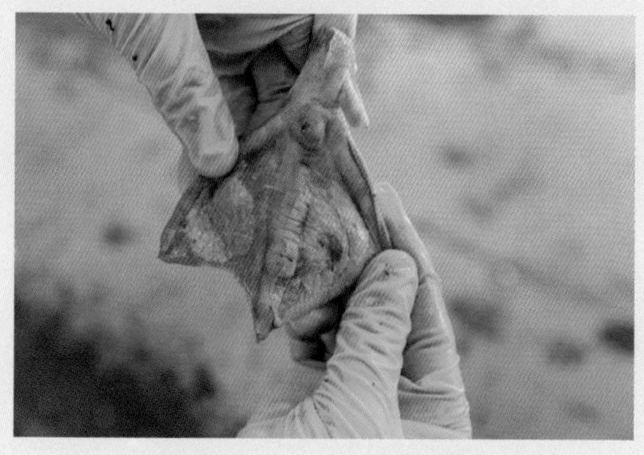

图3-1-16 鸭蹼溃疡结痂

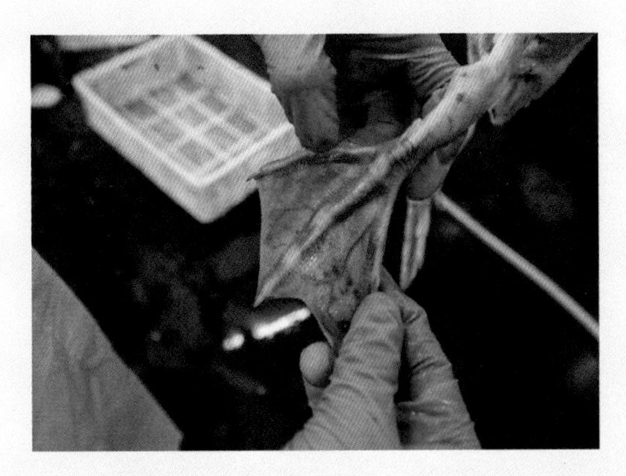

图3-1-17　鸭掌发绀呈紫黑色

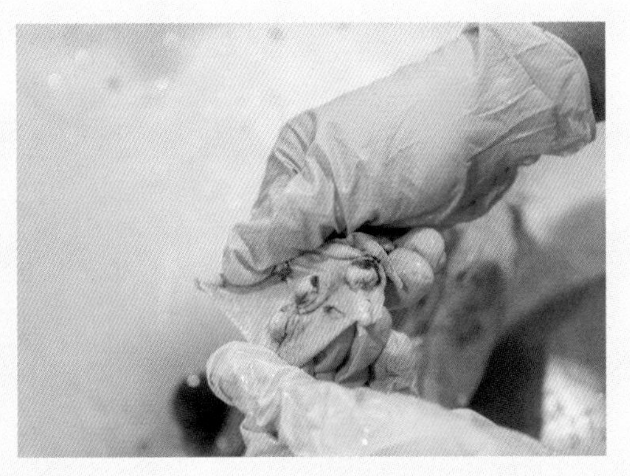

图3-1-18　鸭掌底部增生

四、泄殖腔检查

视检肛门，注意有无紧缩、淤血、出血等变化（图3-1-19至图3-1-22）。

图3-1-19　检查肉鸭泄殖腔

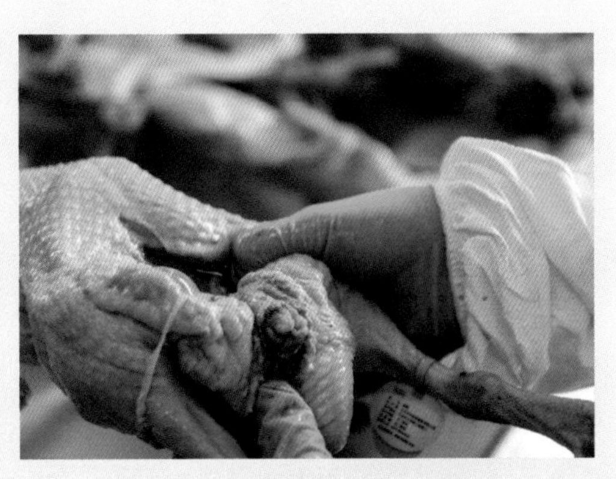

图3-1-20　正常肉鸭泄殖腔外部

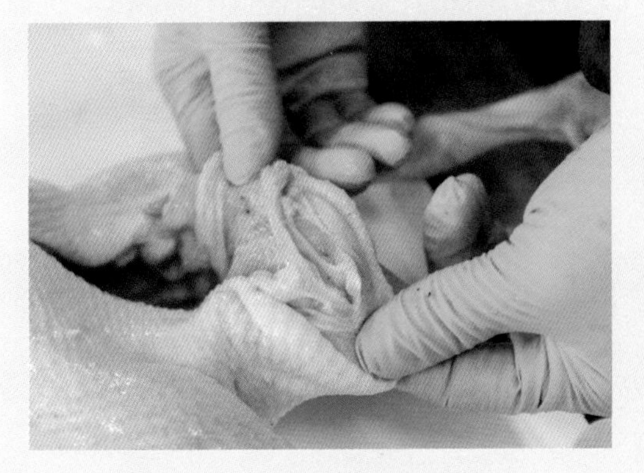

图3-1-21　正常肉鸭泄殖腔内部

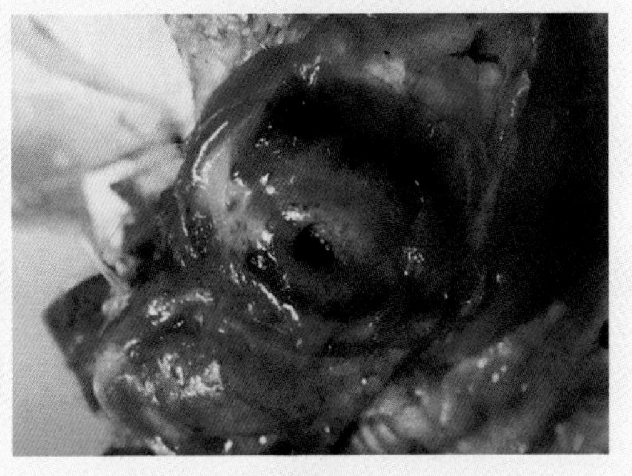

图3-1-22　泄殖腔周边黏膜出血
（鸭病）

第二节 抽检

肉鸭日屠宰量在1万只以上（含1万只）的，按照1%的比例抽样检查；日屠宰量在1万只以下的，抽检60只。抽检发现异常情况的，应适当扩大抽检比例和数量，进行详细的检查。特别注意天然孔和体腔的状态，注意检查内脏器官的色泽、形状、大小，注意有无肿胀、充血、出血、坏死、粪污和胆污等。

一、皮下检查

视检皮下组织，注意有无出血点、炎性渗出物等（图3-2-1至图3-2-6）。

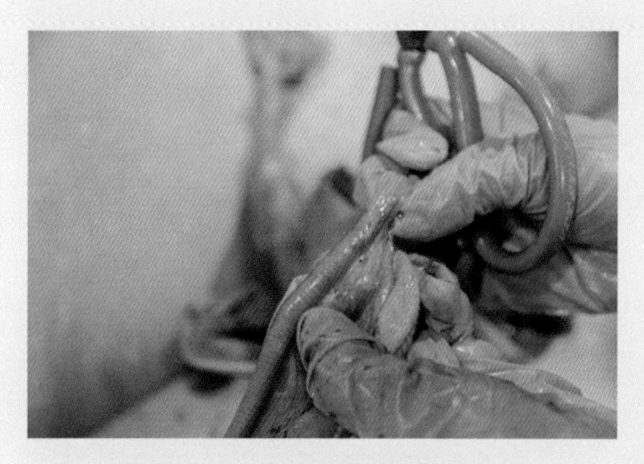

图3-2-1 正常肉鸭颈部皮下

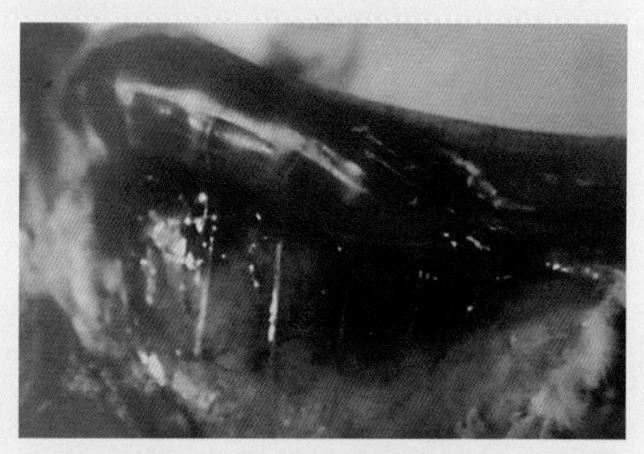

图3-2-2 皮下有胶冻状水肿
（鸭病）

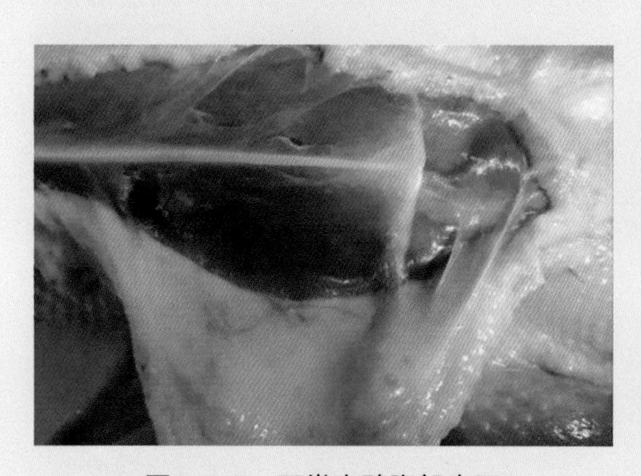

图3-2-3 正常肉鸭腹部皮下

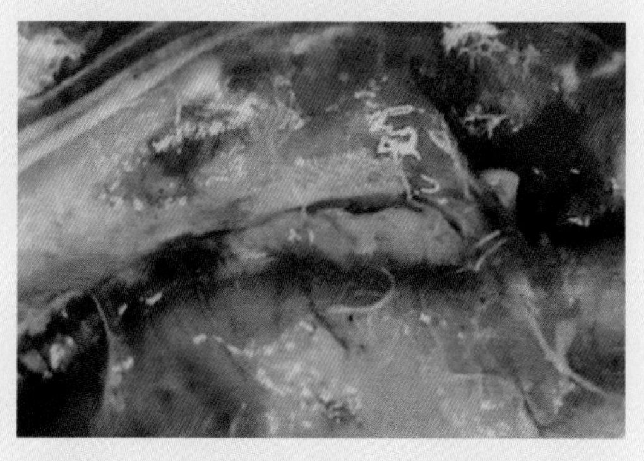

图3-2-4 肉鸭食盐中毒：头颈部皮下水肿
（鸭病诊疗原色图谱 第2版）

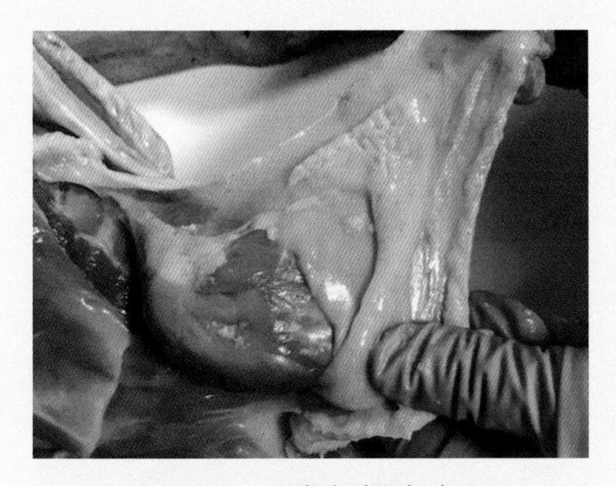

图3-2-5 正常肉鸭腿部皮下

图3-2-6 药物中毒：腿部皮下、肌肉出血
（鸭病诊疗原色图谱 第2版）

二、肌肉检查

视检肌肉色泽，观察颜色是否正常，有无出血、淤血、结节等（图3-2-7至图3-2-10）。

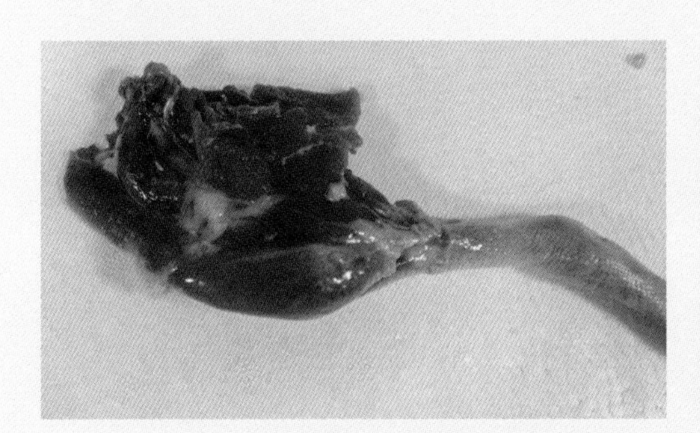

图3-2-7 正常肉鸭腿部肌肉组织

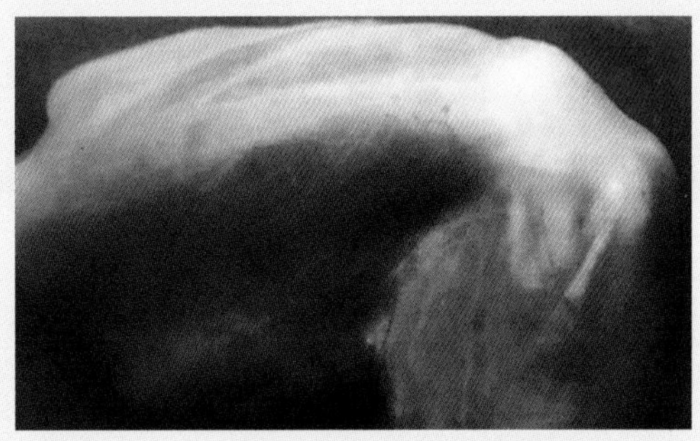

图3-2-8 病鸭腿部肌肉有条纹状病性和坏死
（鸭病）

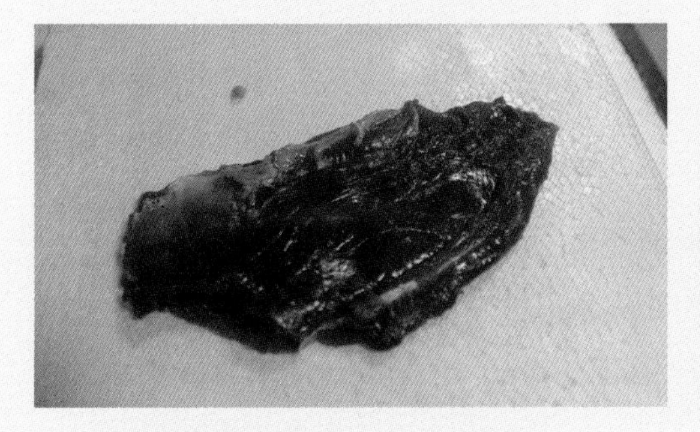

图3-2-9 正常肉鸭胸部肌肉组织

图3-2-10 患病肉鸭胸肌有黄白条纹状坏死灶
（鸭病）

三、鼻腔检查

视检鼻腔，观察有无淤血、肿胀和异常分泌物等（图3-2-11、图3-2-12）。

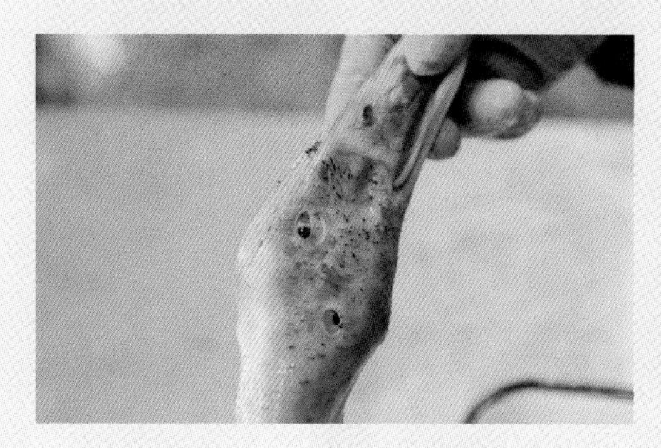

图3-2-11 检查肉鸭鼻腔

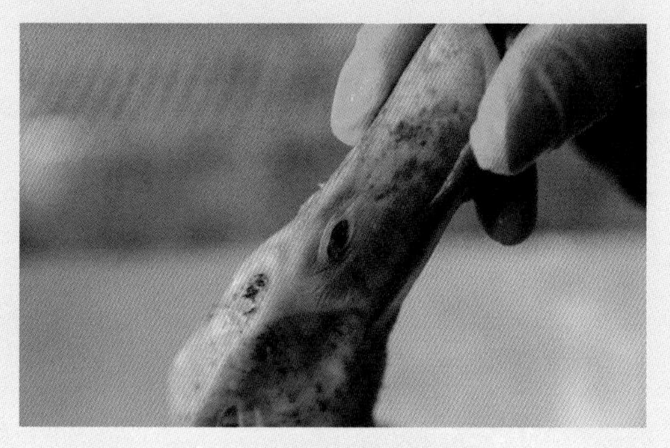

图3-2-12 正常肉鸭鼻腔

四、口腔检查

视检口腔，观察有无淤血、出血、溃疡及炎性渗出物等（图3-2-13至图3-2-16）。

图3-2-13 检查肉鸭口腔

图3-2-14 正常肉鸭口腔

图3-2-15 肉鸭口腔出血

图3-2-16 口腔黏膜出血
（鸭病鉴别诊断与防治原色图谱）

五、气管检查

视检气管，观察有无水肿、淤血、出血、糜烂、溃疡和异常分泌物等（图3-2-17至图3-2-22）。

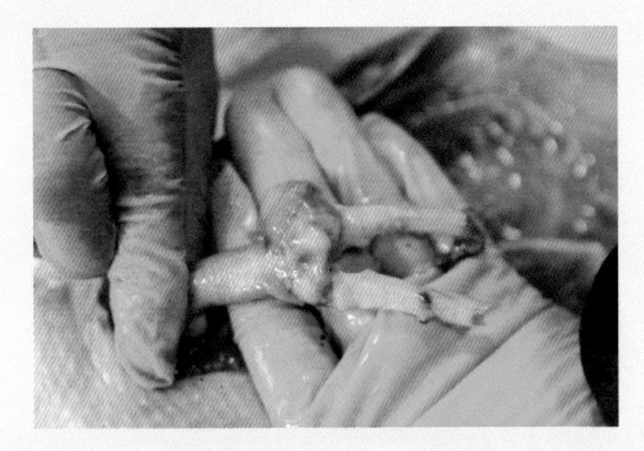

图3-2-17 肉鸭气管检查（1）

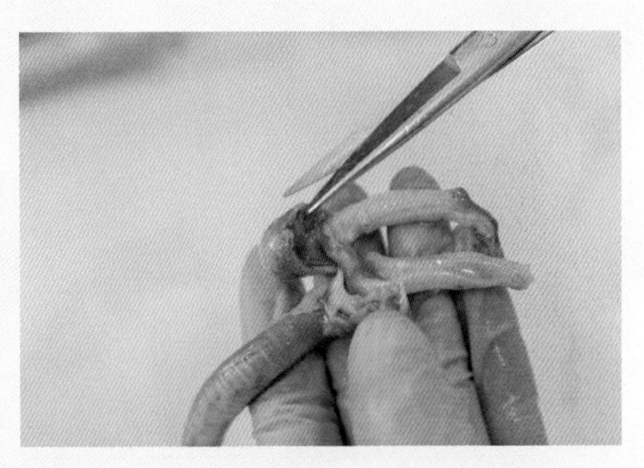

图3-2-18 肉鸭气管检查（2）

图3-2-19 正常肉鸭气管

图3-2-20 发病鸭气管出血，内有血凝块
（禽病类症鉴别诊疗彩色图谱）

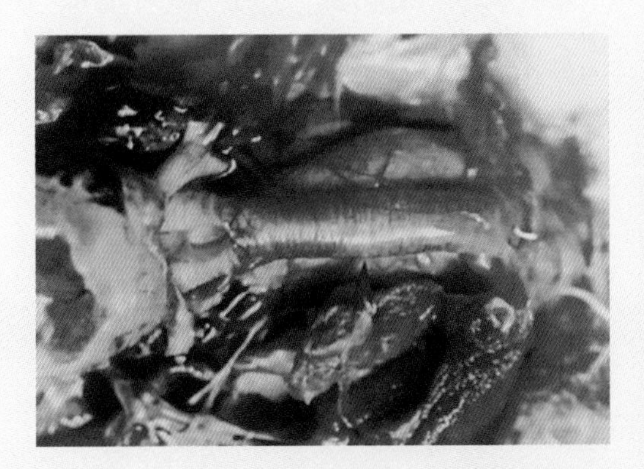

图3-2-21 患病鸭气管黏膜出血
（鸭病）

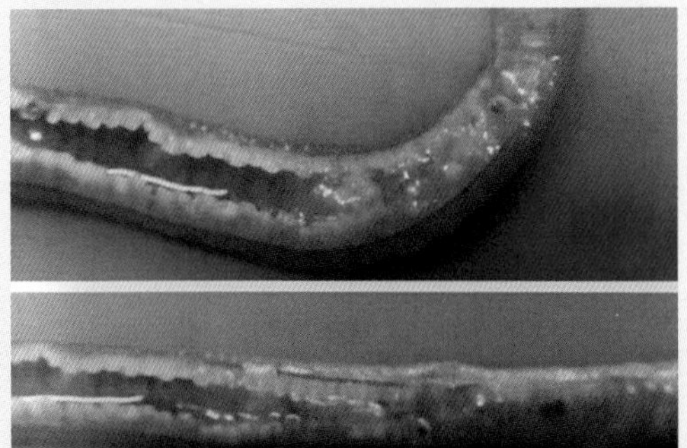

图3-2-22 发病鸭气管出血，内有大量白色黏液性分泌物
（禽病类症鉴别诊疗彩色图谱）

六、气囊检查

视检气囊，注意囊壁有无增厚、混浊、纤维素性渗出物、结节等（图3-2-23至图3-2-28）。

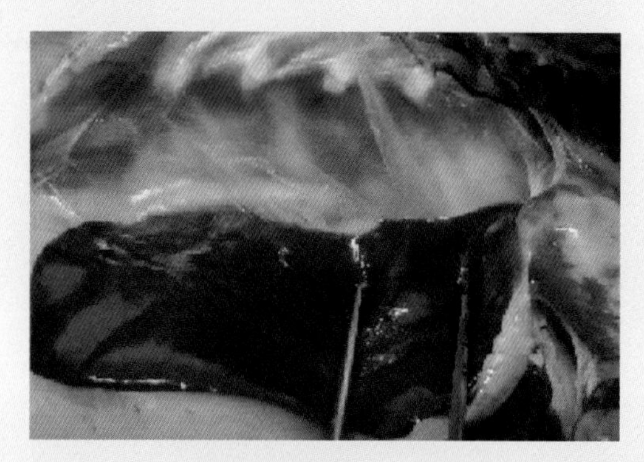

图3-2-23 检查肉鸭气囊
（常见鸭病临床诊治指南）

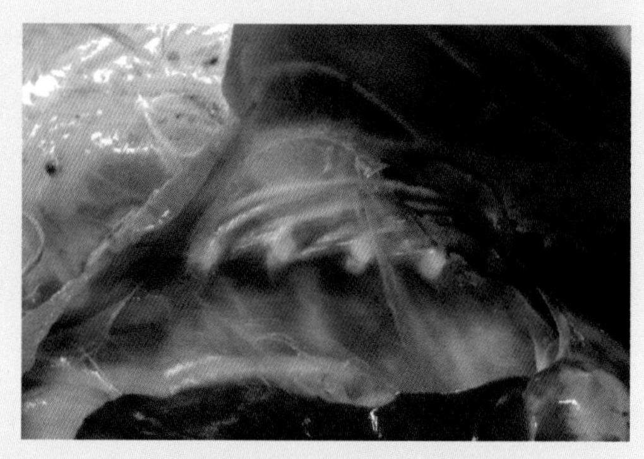

图3-2-24 正常肉鸭气囊
（常见鸭病临床诊治指南）

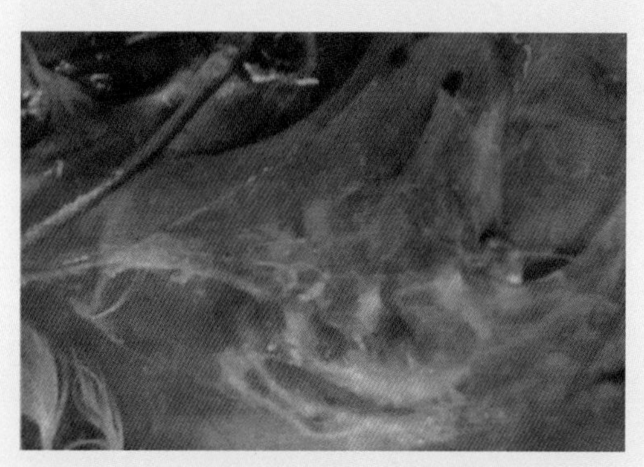

图3-2-25 病死鸭气囊表面附有黄色干酪样物
（鸭鹅病诊治原色图谱）

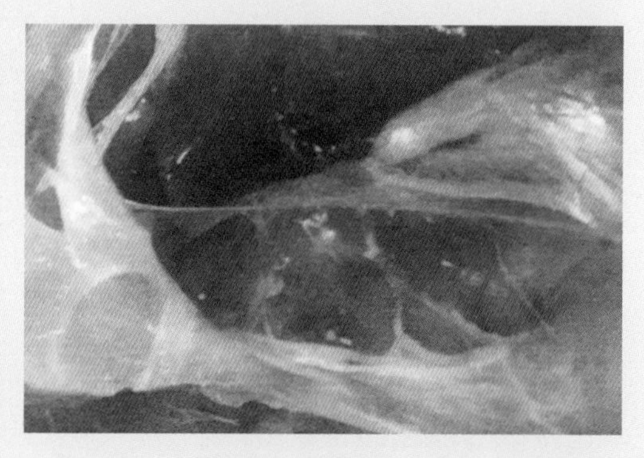

图3-2-26 病鸭气囊上附有黄色干酪样物
（鸭鹅病诊治原色图谱）

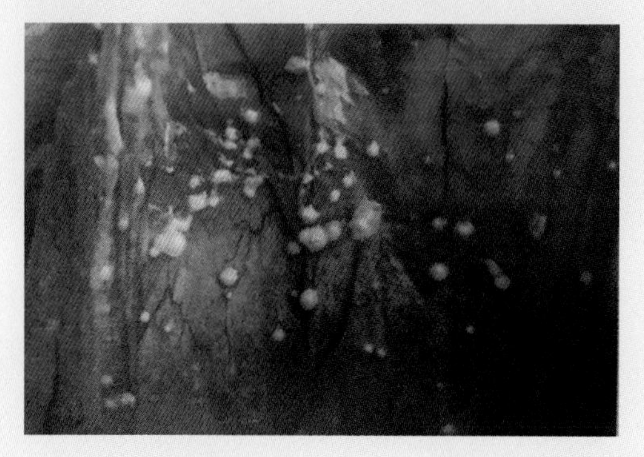

图3-2-27 病变肉鸭气囊
（鸭鹅病诊治原色图谱）

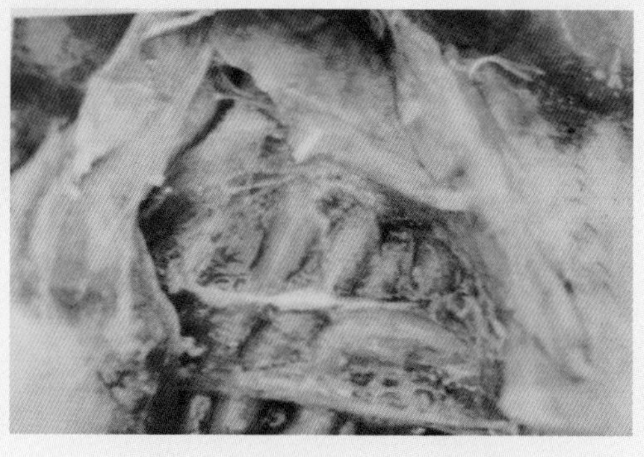

图3-2-28 鸭大肠杆菌病:纤维素性气囊炎
（鸭病诊疗原色图谱 第2版）

七、肺脏检查

视检肺脏色泽、大小、形状，观察有无颜色异常、结节等（图3-2-29至图3-2-34）。

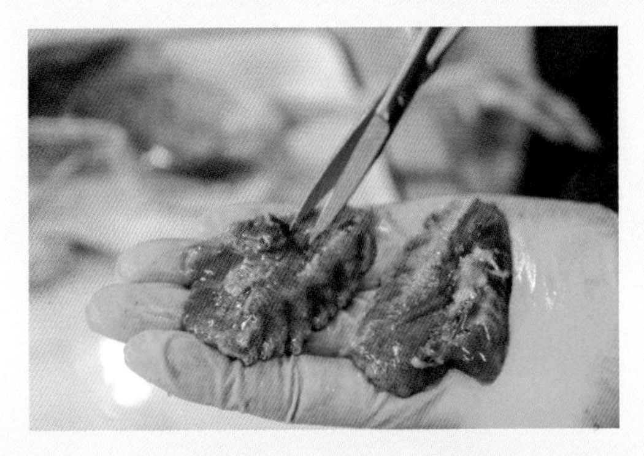

图3-2-29 正常肉鸭肺脏

图3-2-30 正常肉鸭肺脏内部

图3-2-31 病变鸭肺出血（1）
（鸭鹅常见病快速诊疗图谱）

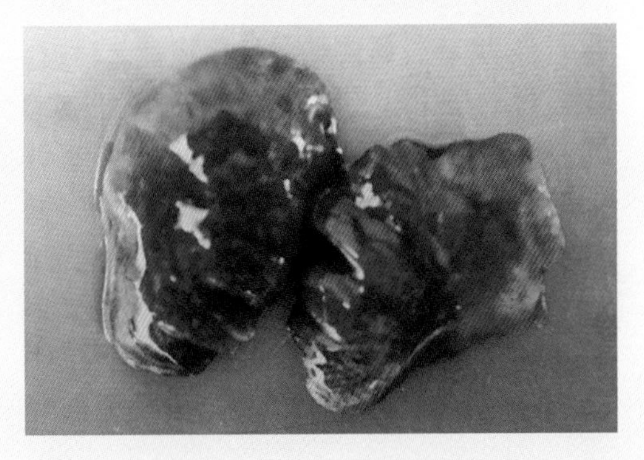

图3-2-32 病变鸭肺出血（2）
（禽病类症鉴别诊疗彩色图谱）

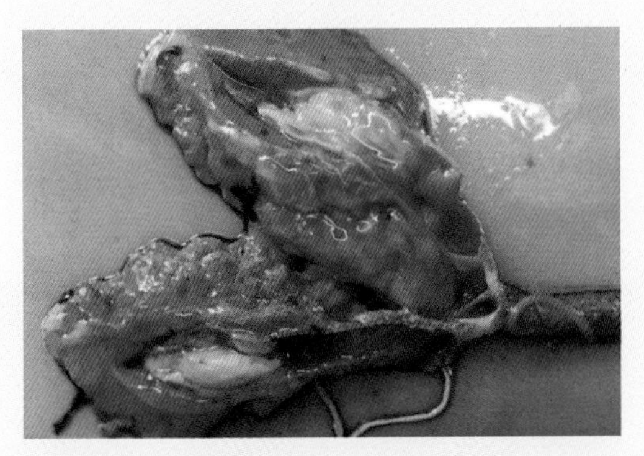

图3-2-33 病鸭肺和支气管出血，内有黄色化脓性痰块
（禽病类症鉴别诊疗彩色图谱）

图3-2-34 鸭霍乱剖检病变，肺出血
（禽病诊治彩色图谱 第2版）

八、肾脏检查

视检肾脏色泽、大小、形状（图3-2-35），观察有无肿大、出血、苍白、尿酸盐沉积、结节等（图3-2-36至图3-2-39）。注意有无白血病的病灶。

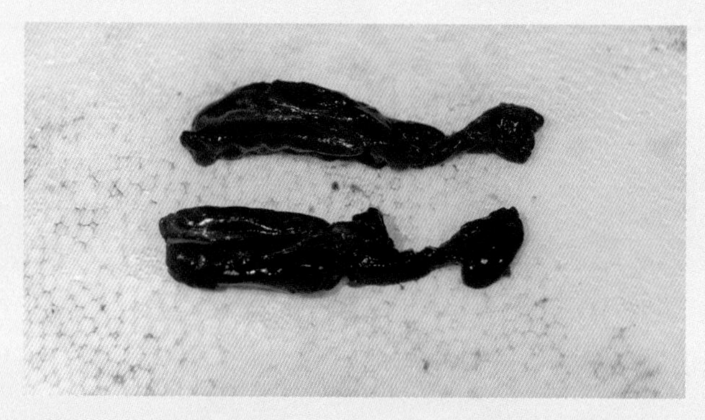

图3-2-35　正常肉鸭肾脏

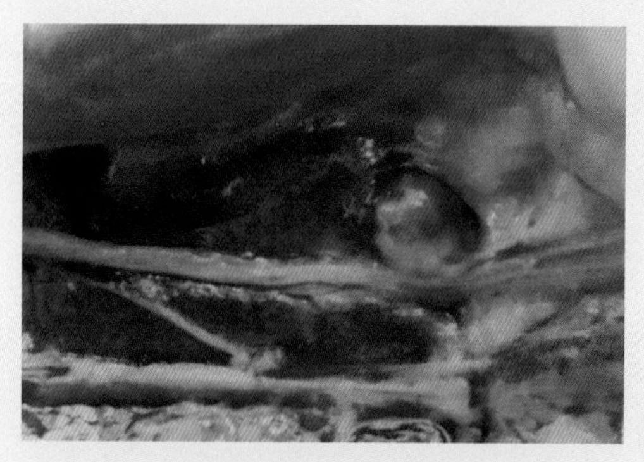

图3-2-36　肾脏的白色结合结节
（鸭病诊疗原色图谱　第2版）

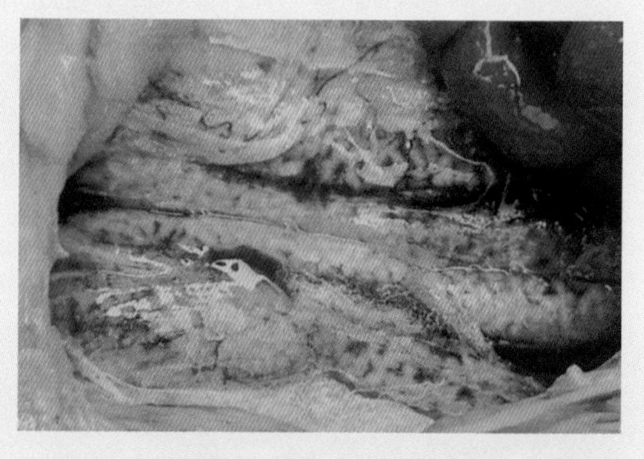

图3-2-37　肾脏因尿酸盐沉积肿大，色淡呈斑驳状
（鸭病诊疗原色图谱　第2版）

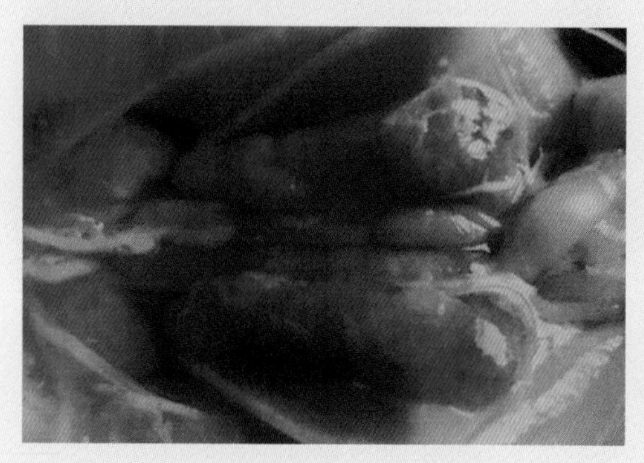

图3-2-38　肾脏明显肿大
（鸭病诊疗原色图谱　第2版）

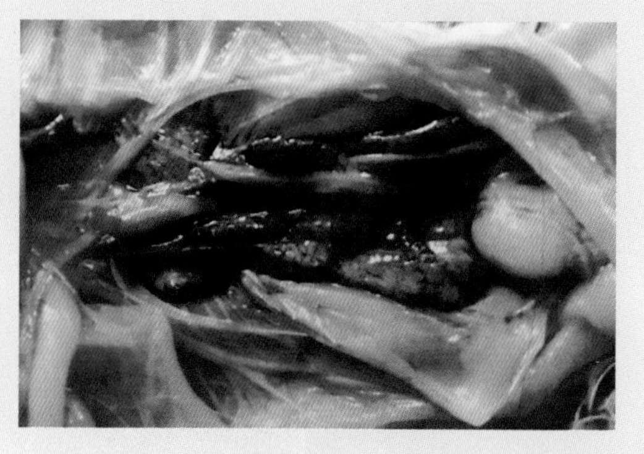

图3-2-39　急性中毒鸭肾脏肿胀和出血
（禽病类症鉴别诊疗彩色图谱）

九、腺胃和肌胃检查

视检浆膜色泽，观察有无出血、水肿等变化。剖开腺胃，检查腺胃黏膜和乳头有无肿大、淤血、出血、坏死灶和溃疡等；切开肌胃，剥离角质膜，检查肌层内表面有无出血、溃疡等（图3-2-40至图3-2-47）。

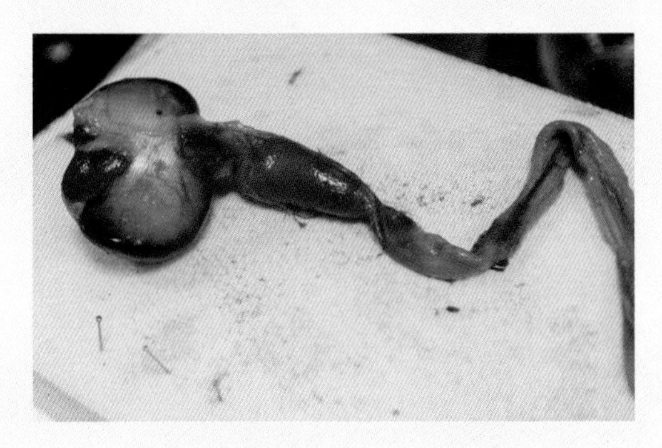

图3-2-40　正常肉鸭肌胃

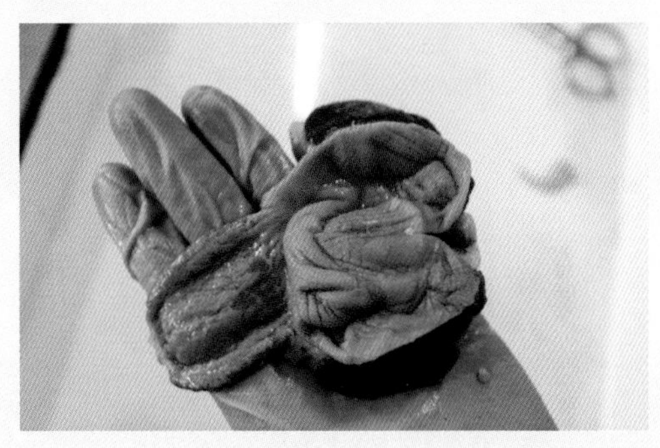

图3-2-41　正常肉鸭肌胃内部

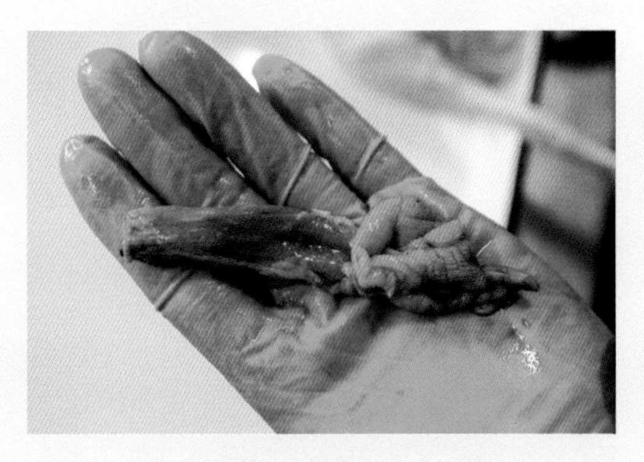

图3-2-42　正常肉鸭腺胃

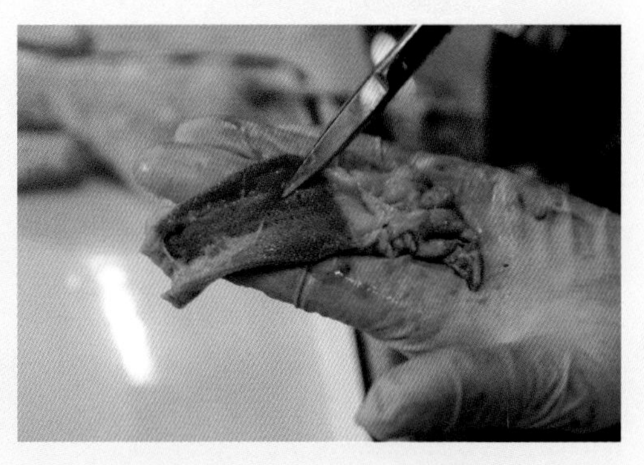

图3-2-43　正常肉鸭腺胃内部

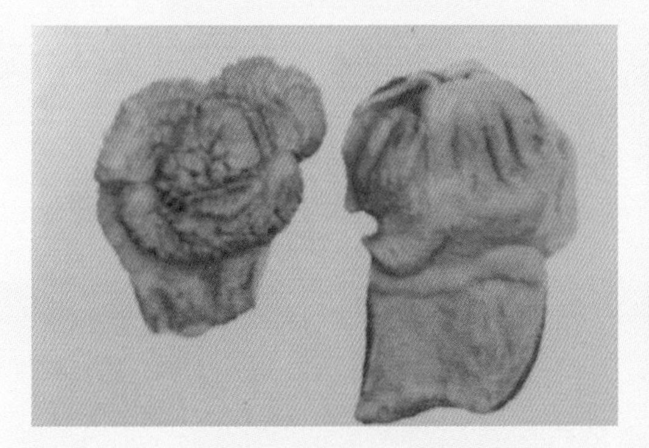

图3-2-44　病鸭肌胃角质层增厚、龟裂，铜绿色。右为正常
（鸭病诊疗原色图谱　第2版）

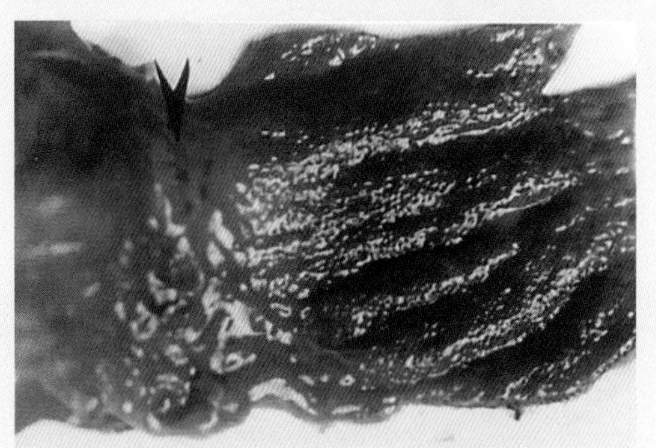

图3-2-45　患病鸭腺胃和肌胃交界处黏膜出血
（鸭病）

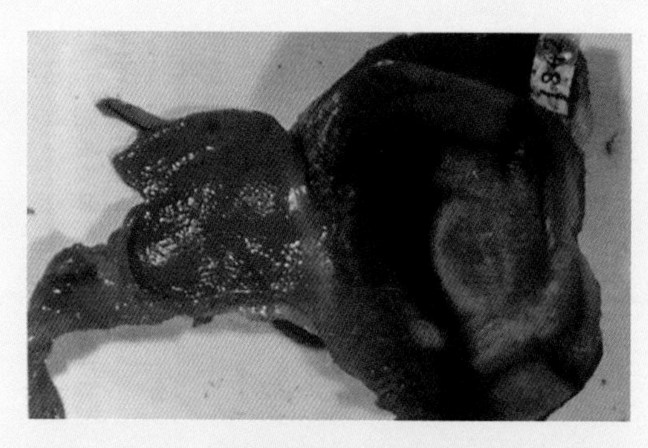

图3-2-46 病鸭腺胃、肌胃间出血、坏死

（鸭病）

图3-2-47 病鸭腺胃与食道交界处出血，腺胃黏膜表面有黄色胶冻样分泌物

（鸭病）

十、肠道检查

视检浆膜有无异常。剖开肠道，检查小肠黏膜有无淤血、出血等，检查盲肠黏膜有无针尖状坏死灶、溃疡等。注意检查十二指肠和盲肠有无充血、出血和溃疡，必要时进行剖检（图3-2-48至图3-2-59）。

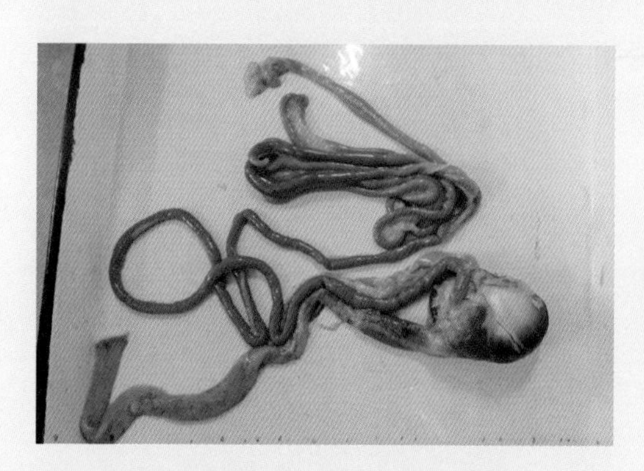

图3-2-48 肉鸭的消化系统

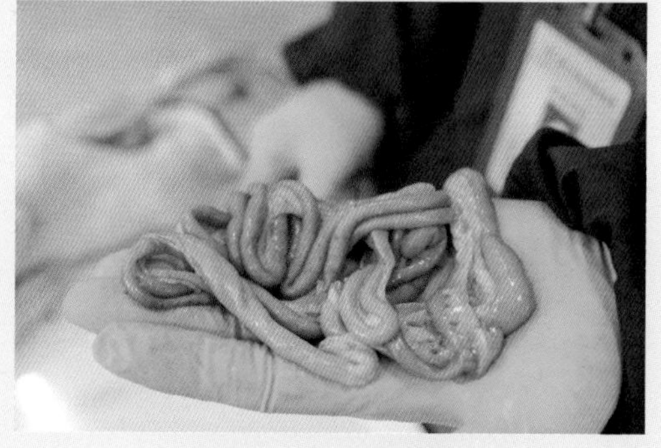

图3-2-49 肠道部分

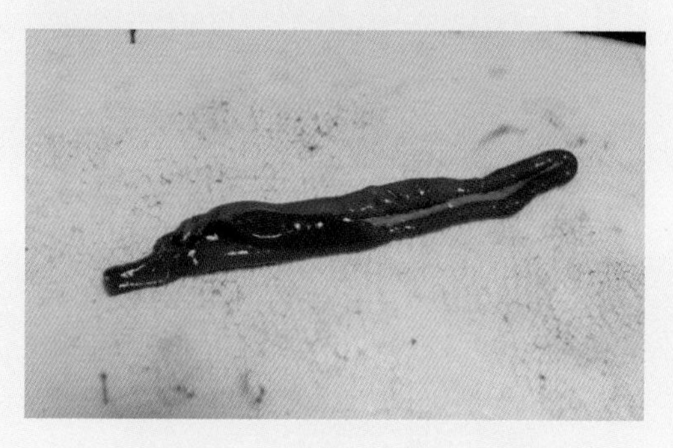

图3-2-50 正常肉鸭十二指肠

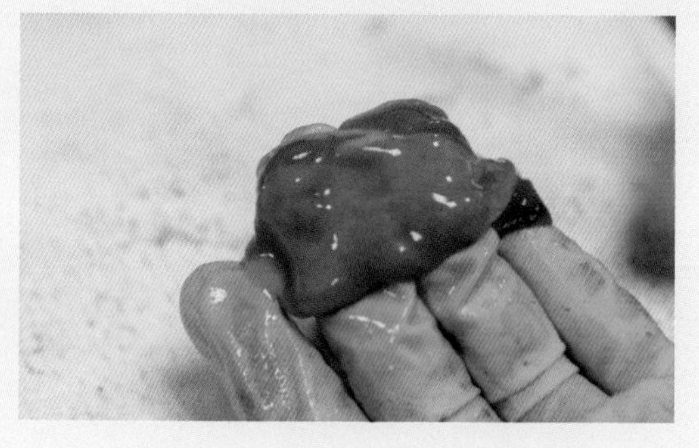

图3-2-51 正常肉鸭十二指肠内部

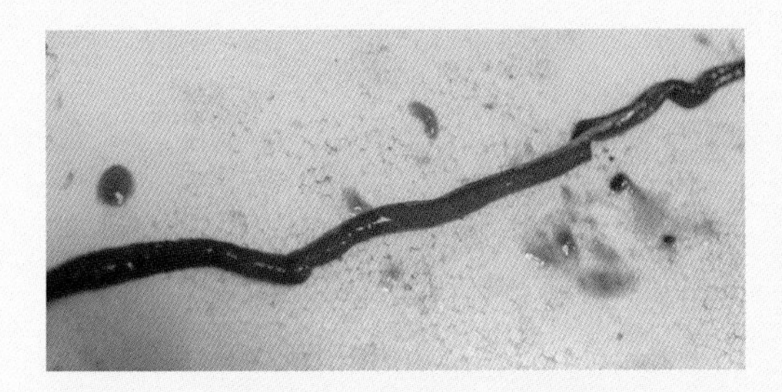

图3-2-52　正常肉鸭空肠

图3-2-53　正常肉鸭空肠内部

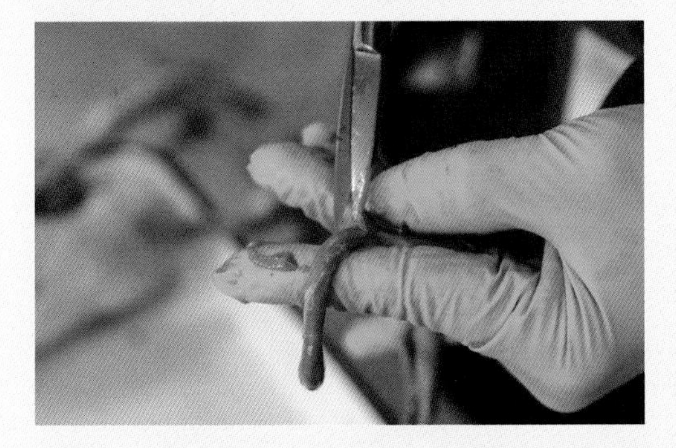

图3-2-54　正常肉鸭盲肠

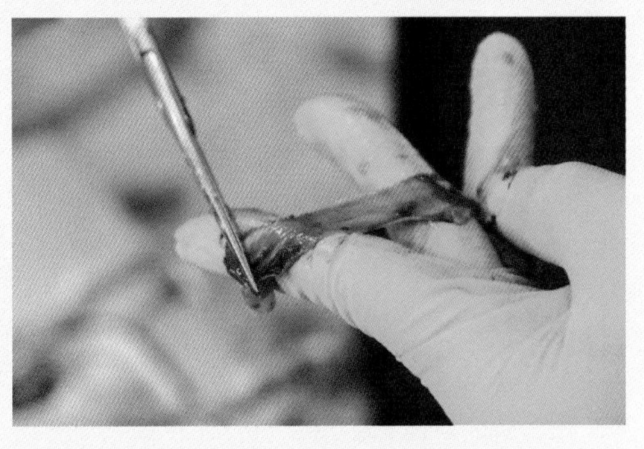

图3-2-55　正常肉鸭盲肠内部

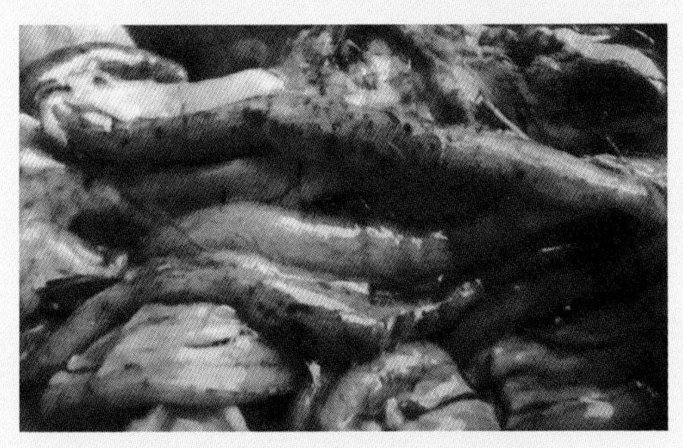

图3-2-56　肠道斑点状出血
（鸭病诊疗原色图谱　第2版）

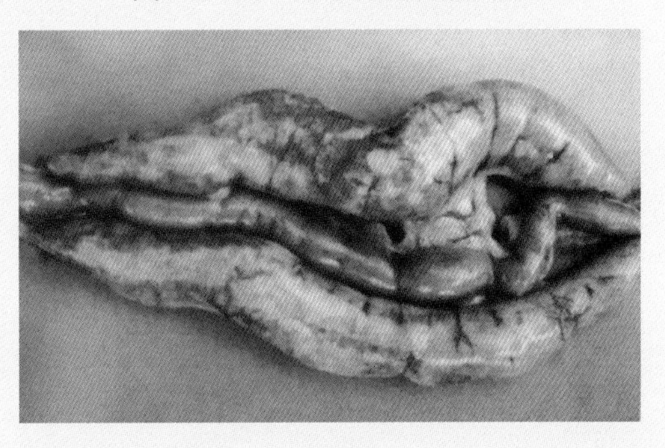

图3-2-57　盲肠肿胀、异常增粗，表面见有点状或斑状坏死
（鸭病诊疗原色图谱　第2版）

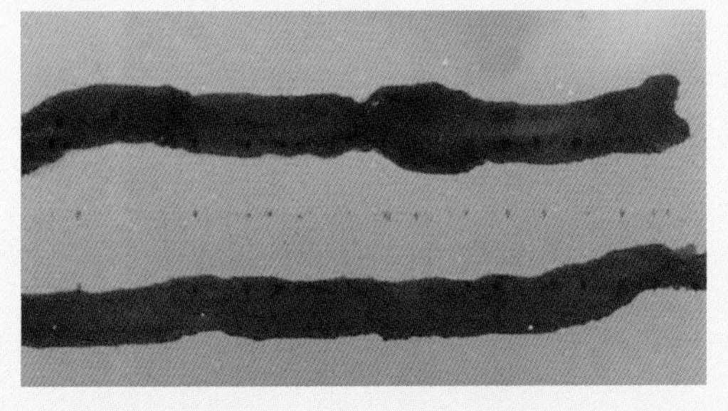

图3-2-58　十二指肠弥漫性出血
（鸭病鉴别诊断与防治原色图谱）

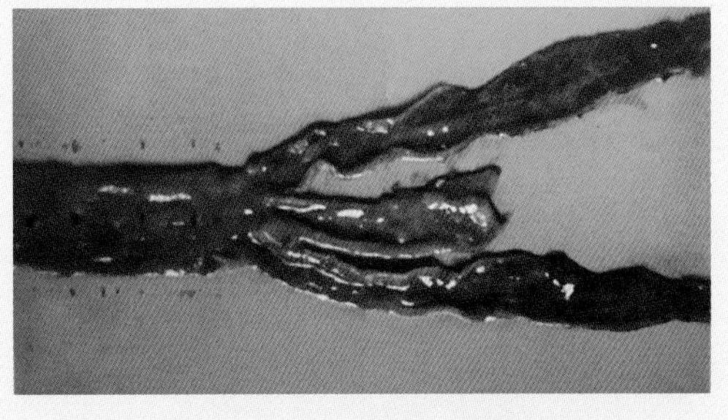

图3-2-59　直肠、回肠、盲肠黏膜出血，内容物带有血液或者胶冻样
（禽病诊治彩色图谱　第2版）

十一、肝脏和胆囊检查

视检肝脏形状、大小、色泽，触检硬度和弹性（图3-2-60至图3-2-63），注意有无出血、坏死灶、结节、肿物等。检查胆囊有无肿大等。应特别注意肝脏有无肿大、出血，有无灰白或淡黄色点状坏死灶和结节，有无坏死小斑点等变化（图3-2-64至图3-2-67）。

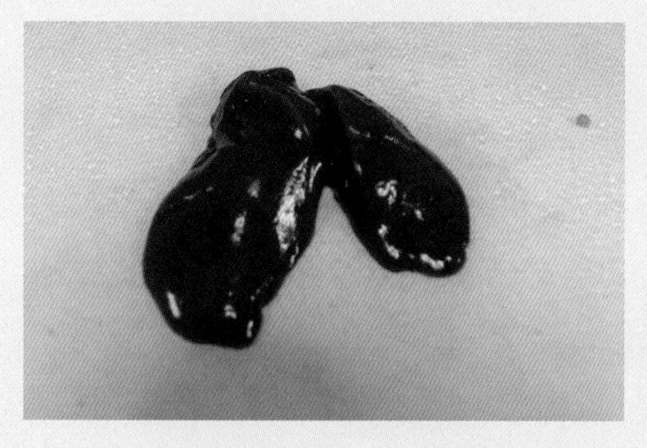

图3-2-60 正常肉鸭肝脏

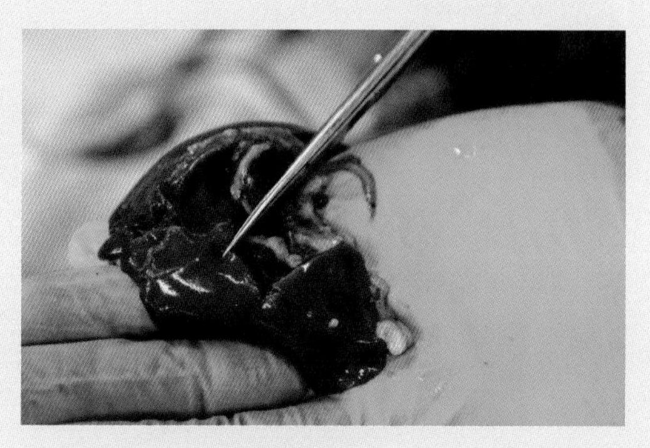

图3-2-61 正常肉鸭肝脏内部

图3-2-62 正常肉鸭胆囊

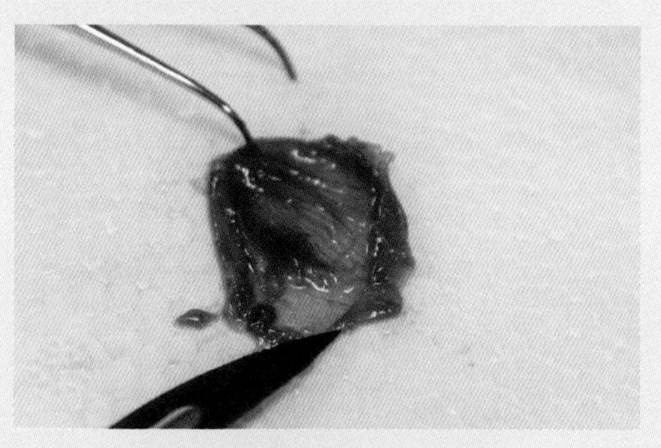

图3-2-63 正常肉鸭胆囊内部

图3-2-64 肝脏肿大和白色坏死灶
（鸭鹅常见病快速诊疗图谱）

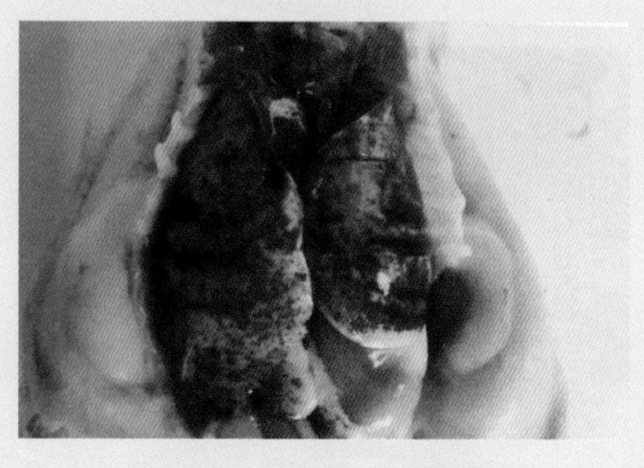

图3-2-65 肝脏斑点状出血
（鸭病诊疗原色图谱 第2版）

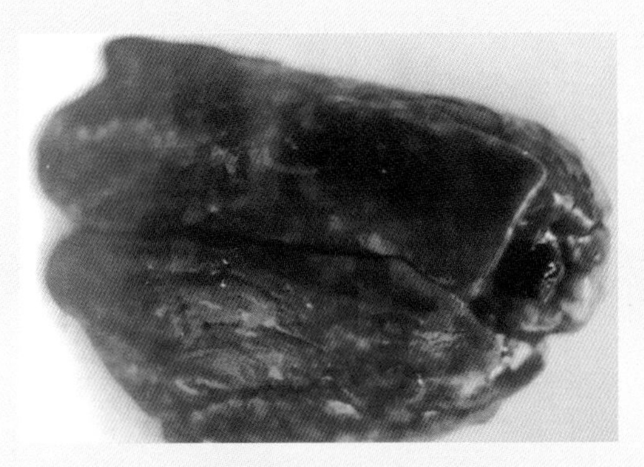

图3-2-66　病鸭肝脏肿大，有弥漫性大小不一灰白色肿瘤结节
（禽病诊断彩色图谱）

图3-2-67　病鸭胆囊肿大，充满胆汁
（禽病类症鉴别诊疗彩色图谱）

十二、脾脏检查

视检形状、大小、色泽（图3-2-68、图3-2-69），注意脾脏是否肿大、有无出血和坏死灶、灰白色或灰黄色结节等（图3-2-70至图3-2-73）。

图3-2-68　正常肉鸭脾脏

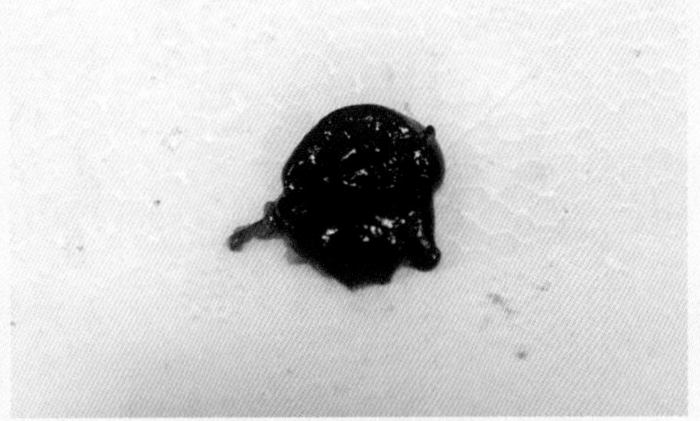

图3-2-69　正常肉鸭脾脏内部

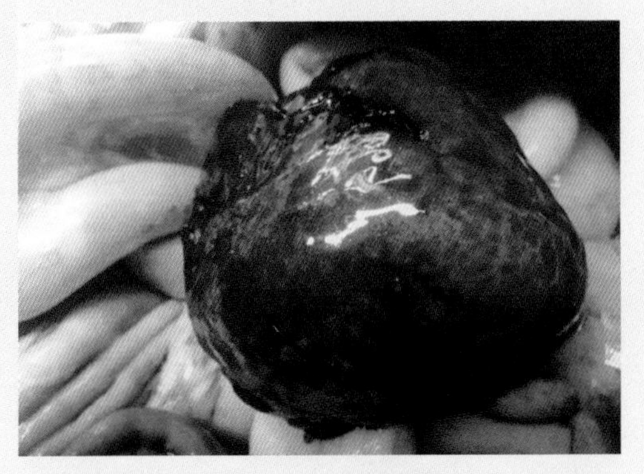

图3-2-70　脾脏肿大，出血斑，呈大理石样
（鸭鹅常见病快速诊疗图谱）

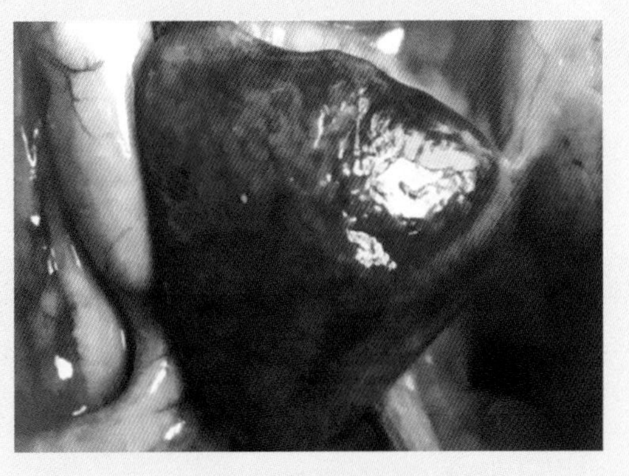

图3-2-71　脾脏肿大呈斑驳状
（鸭病诊疗原色图谱　第2版）

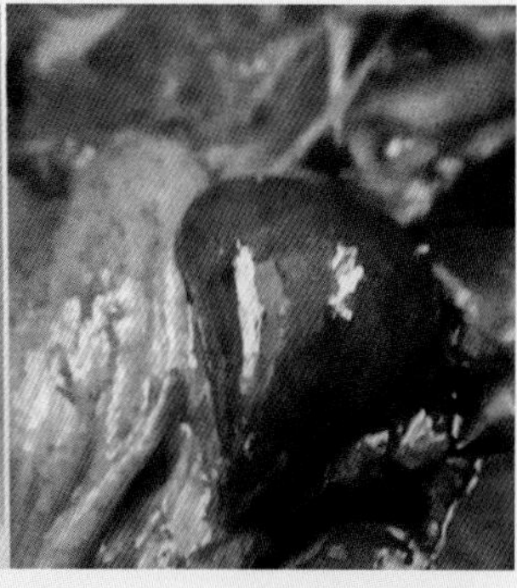

图3-2-72　脾脏肿大、质脆，表面有出血点和灰白色坏死点
（禽病类症鉴别诊疗彩色图谱）

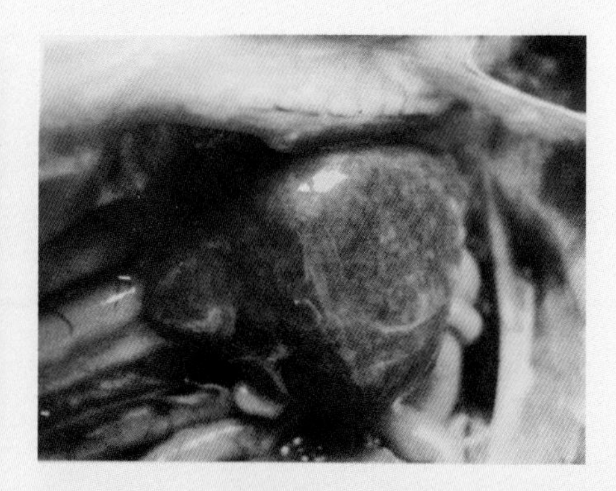

图3-2-73　脾脏肿大，表面有灰白色坏死灶
（鸭病鉴别诊断与防治原色图谱）

十三、心脏检查

视检心包和心外膜（图3-2-74、图3-2-75），观察有无炎症变化等；检查心冠状沟脂肪、心外膜有无出血点、坏死、结节等（图3-2-76至图3-2-79）。必要时可剖开心腔仔细检查。

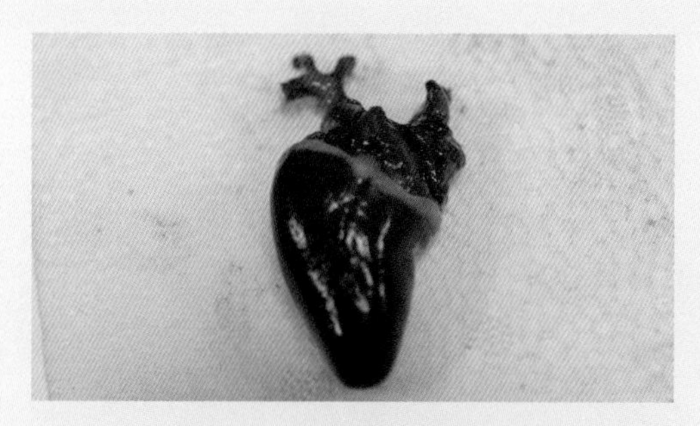

图3-2-74　正常肉鸭心脏

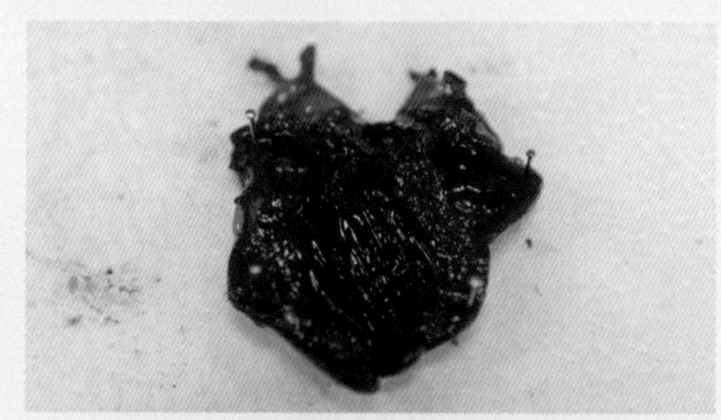

图3-2-75　正常肉鸭心脏内部

图3-2-76　心肌出血和有白色条纹状坏死
（禽病类症鉴别诊疗彩色图谱）

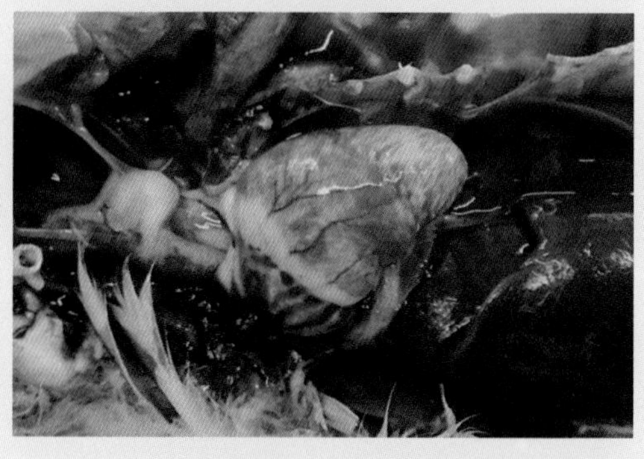

图3-2-77　病鸭整个心脏心肌呈条纹状坏死
（禽病类症鉴别诊疗彩色图谱）

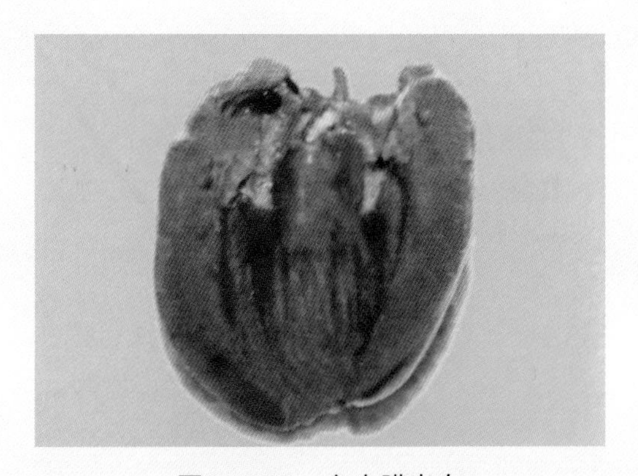

图3-2-78 心内膜出血
（鸭病鉴别诊断与防治原色图谱）

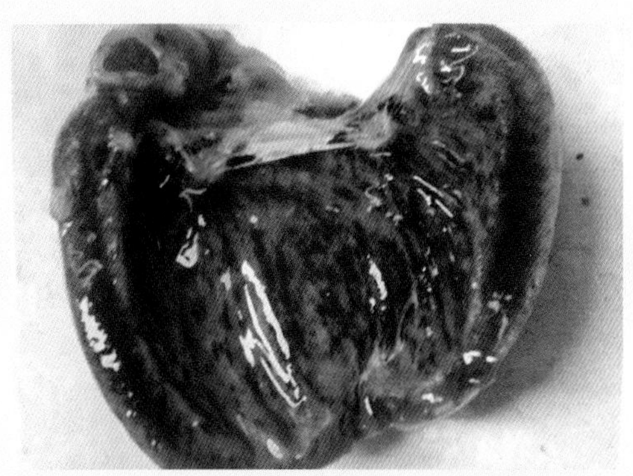

图3-2-79 患病鸭心内膜条状和斑状出血
（禽病诊断彩色图谱）

十四、法氏囊检查

检查有无出血、肿大等。剖检有无出血、干酪样坏死等（图3-2-80至图3-2-83）。

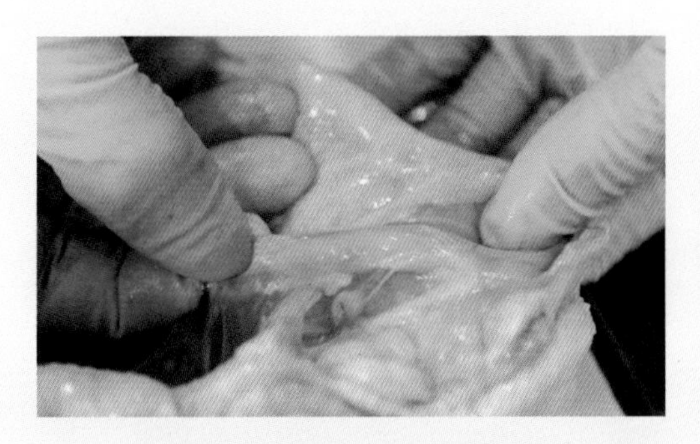

图3-2-80 正常肉鸭法氏囊（1）

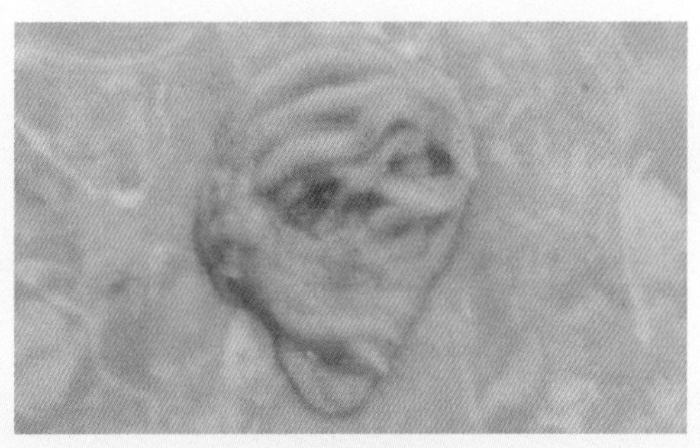

图3-2-81 正常肉鸭法氏囊（2）
（常见鸭病临床诊治指南）

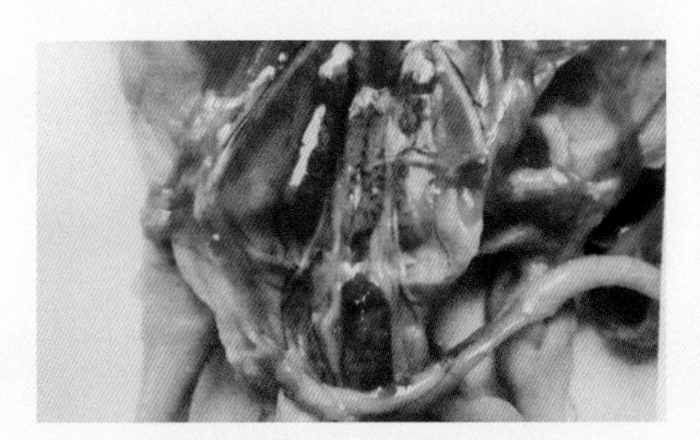

图3-2-82 法氏囊有出血、坏死
（鸭病诊疗原色图谱 第2版）

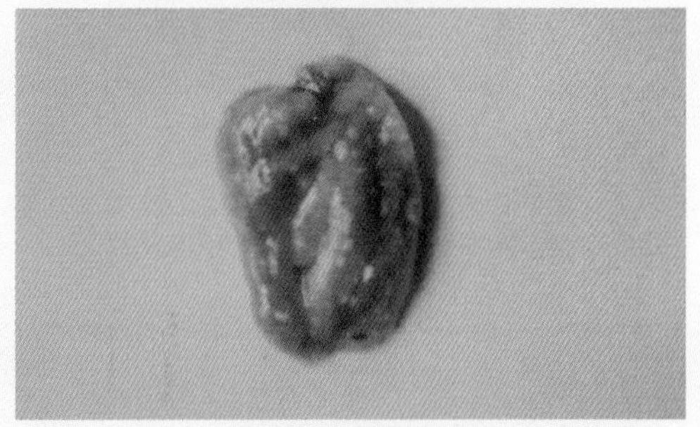

图3-2-83 患病鸭法氏囊水肿，黏膜有弥漫性大小不一灰白色或淡黄色坏死
（禽病诊断彩色图谱）

十五、体腔检查

视检体腔的色泽，观察内部清洁程度和完整度，有无赘生物、寄生虫等；检查体腔内壁有无凝血块、粪便和胆汁污染以及其他异常等（图3-2-84至图3-2-86）。必要时检查卵巢，观察有无变形、变色、变硬等，特别注意有无大小不等的结节性病灶。

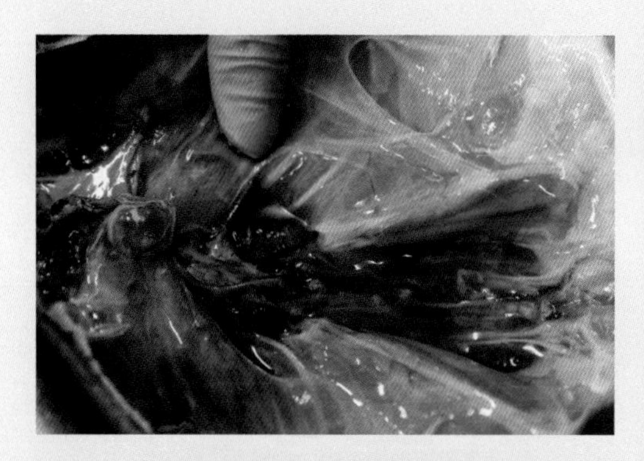

图3-2-84　正常肉鸭体腔

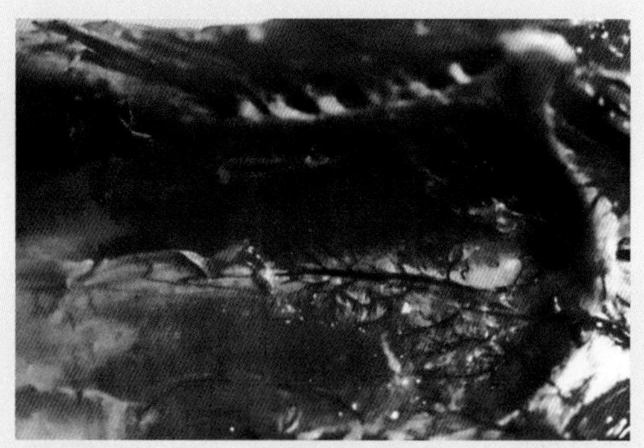

图3-2-85　患病鸭胸膜严重充血，并有淡黄色纤维素物附着

（禽病诊断彩色图谱）

图3-2-86　患病腹腔有纤维物附着

（禽病诊断彩色图谱）

第三节　复验（复检）

检验检疫人员对上述检验检疫情况进行复查（图3-3-1、图3-3-2），检查有无漏洞，内脏是否正常，内外伤是否修割干净、有无带毛情况，综合判定检验检疫结果，并判定产品是否能食用，确定所检出的各种病害鸭肉的生物安全处理方法。

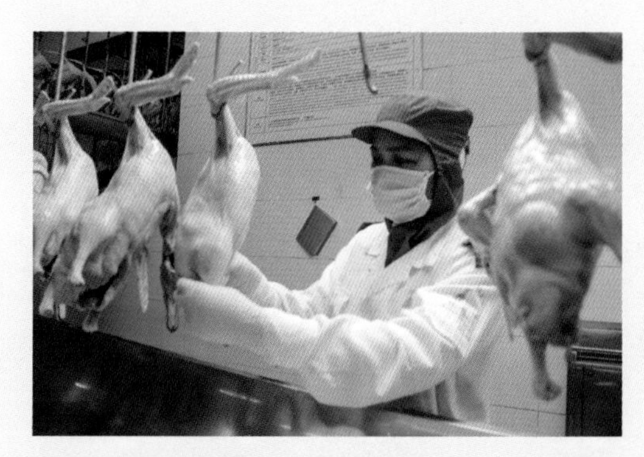

图3-3-1　复检（1）

图3-3-2　复检（2）

第四章

实验室检验

实验室检验检疫是保障屠宰环节肉品质量安全的重要环节，是继宰前、宰后检验检疫之后控制肉品质量的重要一关。通过实验室检验可与宰前、宰后检验检疫形成有效的补充，保证上市肉类的质量安全。

GB 16869—2005《鲜、冻禽产品》和GB 2707—2016《食品安全国家标准 鲜（冻）畜、禽产品》规定了感官、理化、微生物等指标要求。

第一节 采样方法

一、理化检验的采样方法

按照GB/T 9695.19—2008《肉与肉制品 取样方法》的规定进行。

1．鲜肉的取样 从3～5片胴体或同规格的分割肉上取若干小块混为一份样品，每份样品为500～1 500g（图4-1-1、图4-1-2）。

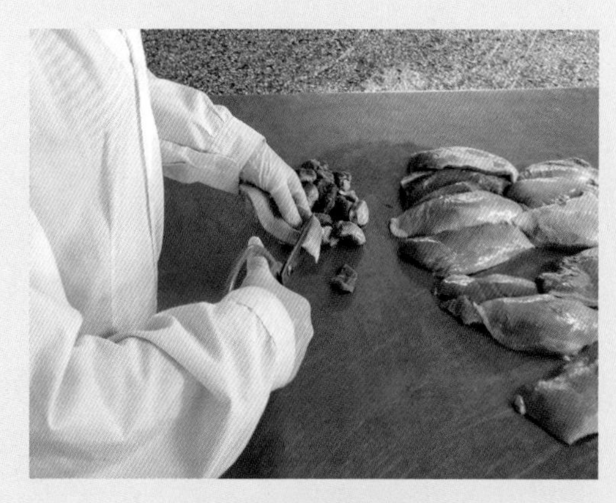

图4-1-1 分割肉取样

图4-1-2 胴体取样

2．冻肉的取样

（1）成堆产品 在堆放空间（图4-1-3、图4-1-4）的四角和中间设采样点，每点从上、中、下三层取若干小块混为一份样品，每份样品为500～1 500g（图4-1-5）。

（2）包装冻肉 随机取3～5包混合，总量不得少于1 000g（图4-1-6）。

图4-1-3　成品库（1）

图4-1-4　成品库（2）

图4-1-5　成堆产品

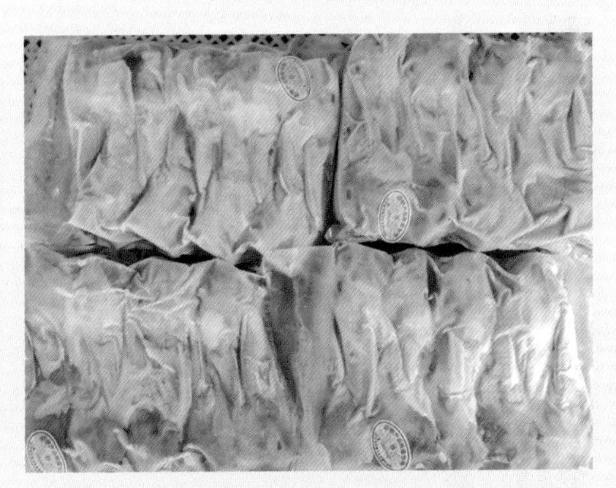
图4-1-6　包装冻肉

3．样品的包装和标识　装实验室样品的容器应由取样人员封口并贴上封条（图4-1-7），且样品送到实验室前须贴上标签。

标签应至少标注：取样人员和取样单位名称；取样地点和日期；样品的名称、等级和规格；样品特性；样品的商品代码和批号等信息（图4-1-8）。

图4-1-7　样品封口

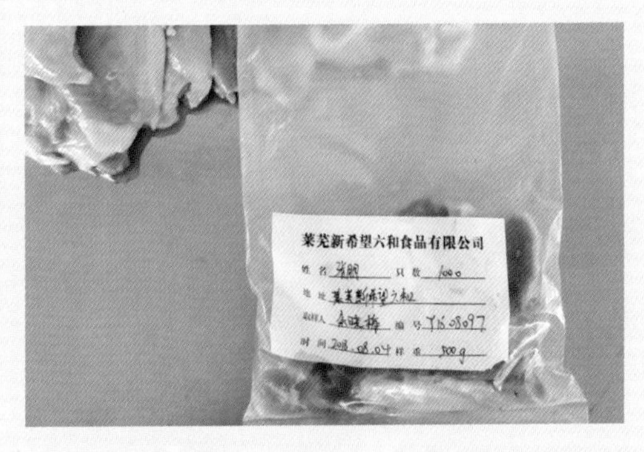

图4-1-8　采样信息的标注

4．样品的运输和贮存

（1）取样后尽快将样品送至实验室（图4-1-9）。

（2）运输过程须保证样品完好加封（图4-1-10）。

图4-1-9　采样后尽快送往实验室

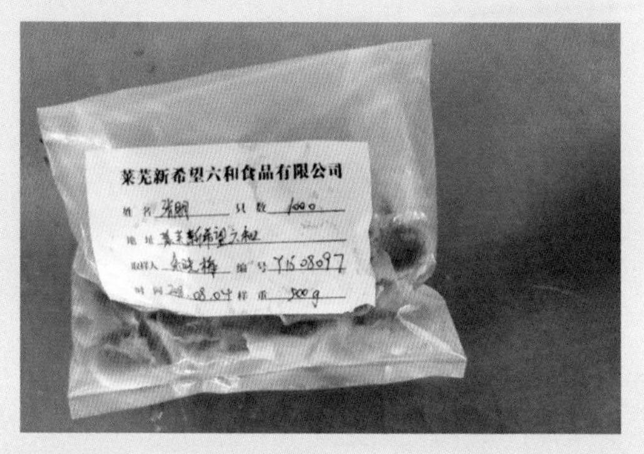

图4-1-10　样品应封口完好

（3）运输过程中须保证样品没受损或发生变化。

（4）样品到实验室后尽快分析处理，易腐易变样品应置冰箱或特殊条件下贮存，保证不影响分析结果。

5．交收检验抽样　按GB 16869—2005《鲜、冻禽产品》规定，根据组批量的大小，按表4-1-1规定的样品量随机抽取样品。

表4-1-1　不同批量样品随机抽取的样品数

批量（基本箱）	样品量（基本箱）	一般缺陷允许数（基本箱）
600或600以下	6	1
601～2 000	13	2
2 001～7 200	21	3
7 201～15 000	29	4
15 001～24 000	48	6
24 001～42 000	84	9
42 000以上	126	13

二、微生物学检验样品的采集

微生物学检验采样按照GB/T 4789.17—2003《食品卫生微生物学检验　肉与肉制品检验》和GB 4789.1—2016《食品安全国家标准　食品微生物学检验总则》的规

定进行。

1．鲜、冻鸭采取整只（图4-1-11），放灭菌容器内，检样采取后应立即送检；如条件不许可时，最好不超过3h，送检样时应注意冷藏，不得加入任何防腐剂。

2．采集样品的标记　应对采集的样品进行及时、准确的记录和标记（图4-1-12），内容包括采样人、采样地点、时间、样品名称、来源、批号、数量、保存条件等信息。

图4-1-11　微生物采样取整鸭

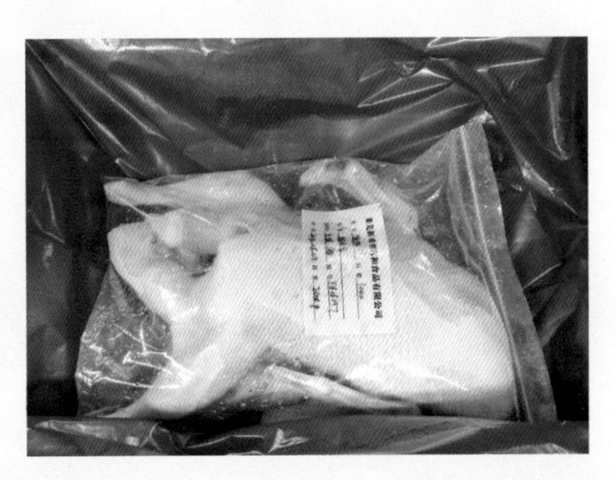

图4-1-12　采样标签

3．采集样品的贮存和运输

（1）应尽快将样品送往实验室检验（图4-1-13）。

（2）应在运输过程中保持样品完整。

（3）应在接近原有贮存温度条件下贮存样品，或采取必要措施防止样品中微生物数量的变化。

图4-1-13　采样后立即送检

第二节 感官和理化检验

肉的变质是一个渐进又复杂的过程，很多因素都影响着对肉新鲜度的正确判断。因此，一般都采用感官检验和实验室检验结合的方法。

一、感官检验

鲜（冻）鸭肉的感官检验及卫生评价参照GB 16869—2005《鲜、冻禽产品》和GB 2707—2016《食品安全国家标准 鲜（冻）畜、禽产品》(GB 2707—2016更新了GB 16869—2005中的部分指标)。

（一）感官评定室

感官评定室恒温21℃左右，湿度65%，空气流通（图4-2-1）。光照200～400lx，自然光和人工照明结合（图4-2-2），白色光线垂直不闪烁。

图4-2-1 感官评定室

图4-2-2 自然光与人工照明结合

（二）感官要求及检验方法

1．色泽、气味及状态

（1）感官要求 具有鸭肉正常的色泽、气味及状态，无异味，无正常视力可见外来异物（图4-2-3）。

（2）检验方法 样品置于洁净的白色盘中，在自然光下观察色泽、状态、闻其味道（图4-2-4至图4-2-6）。

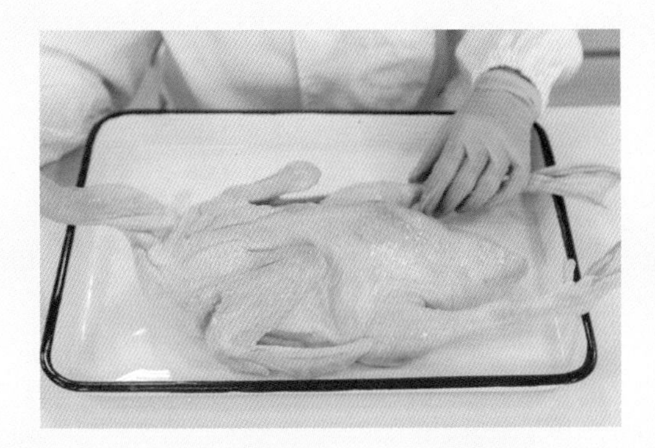
图4-2-3 样品置于洁净的托盘中

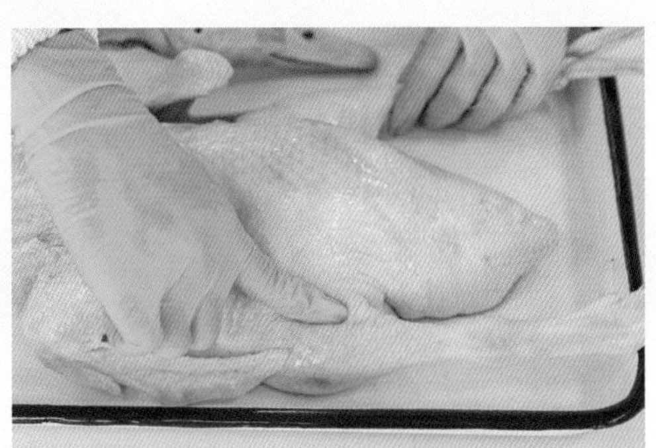
图4-2-4 表皮有光泽且色泽正常

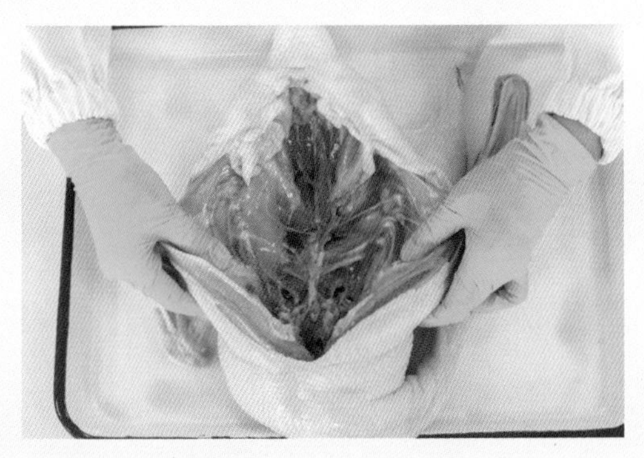
图4-2-5 观察肌肉切面，有光泽且色泽正常

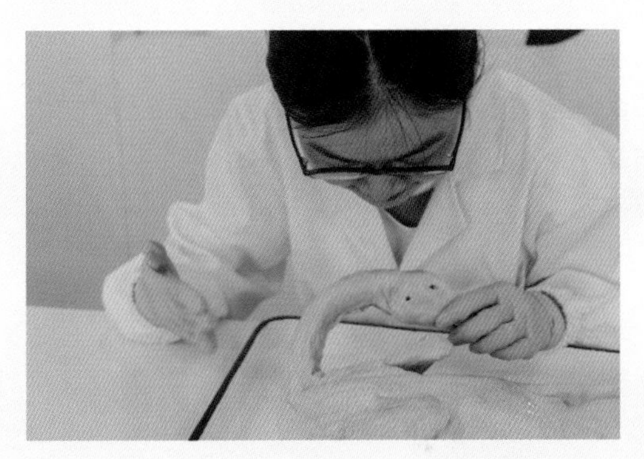
图4-2-6 闻鸭的气味，正常无异味

2．淤血 面积（S）＞$1cm^2$，不得检出；$0.5cm^2$＜S≤$1cm^2$，片数不得超过抽样量的2%。S≤$0.5cm^2$ 时，忽略不计（图4-2-7、图4-2-8）。

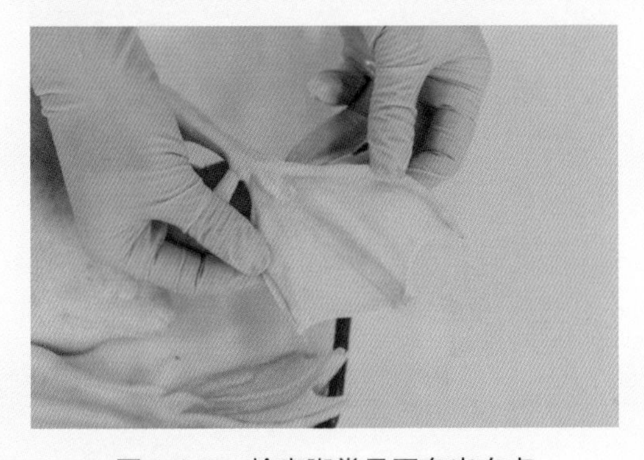
图4-2-7 检查脚掌是否有出血点

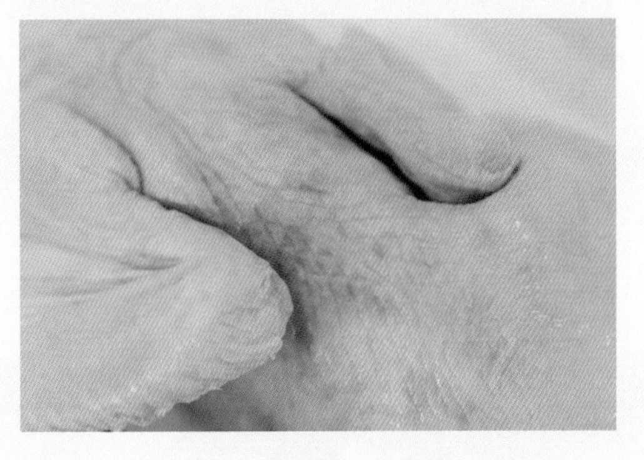
图4-2-8 检查体表淤血

3．硬杆毛≤1根/10kg为合格（长度超过12mm或直径超过2mm的羽毛根为硬杆毛），测量方法如图4-2-9所示。

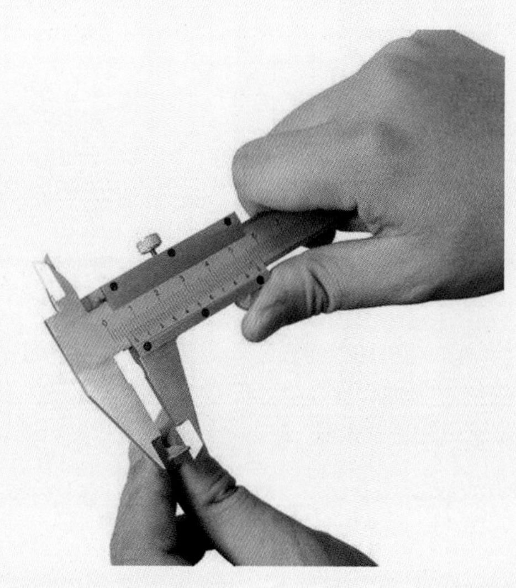

图4-2-9 游标卡尺测量硬杆毛长度/直径

4．加热后肉汤 肉汤应澄清透明，脂肪团聚于液面，具有鸭肉应有滋味。

检验方法：20g切碎的试样加水100mL，盖表面皿，加热至50～60℃（图4-2-10），闻其气味。煮沸后鉴别肉汤性状（图4-2-11），脂肪凝聚情况，降至室温后品尝滋味。

图4-2-10 肉汤加热

图4-2-11 煮沸后肉汤应透明澄清

二、理化检验：挥发性盐基氮的测定

挥发性盐基氮是指在酶和细菌的作用下，动物性食品中的蛋白质被分解而产生氨以及胺类等碱性含氮物质。挥发性盐基氮具有挥发性，在碱性溶液中蒸出，利用硼酸溶液吸收后，用标准酸溶液滴定计算挥发性盐基氮含量。测定挥发性盐基氮是衡量肉品新鲜度的重要指标之一。

测定方法参照GB 5009.228—2016《食品安全国家标准　食品中挥发性盐基氮的测定》，GB 2707—2016规定鸭肉中挥发性盐基氮≤15mg/100g，包括半微量定氮法、自动凯氏定氮仪法、微量扩散法等，以自动凯氏定氮仪法为例进行说明。

1．检验流程（图4-2-12）

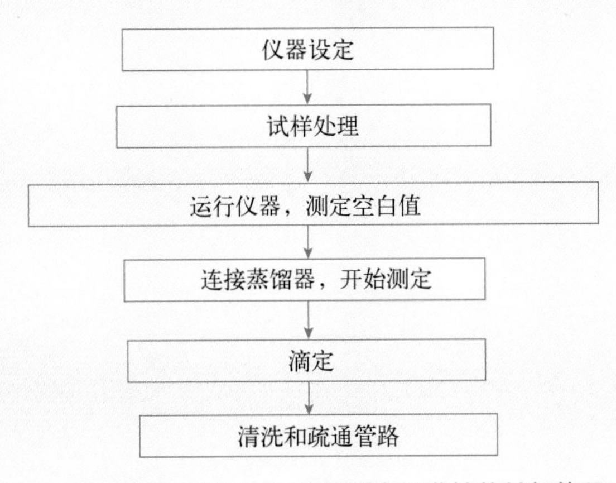

图4-2-12　自动凯氏定氮仪法测定挥发性盐基氮的程序

2．操作方法　挥发盐基氮的测定操作方法见图4-2-13至图4-2-21。

图 4-2-13　样品除去脂肪、骨及腱，绞碎搅匀，称取瘦肉部分10.000g，样品质量记为m

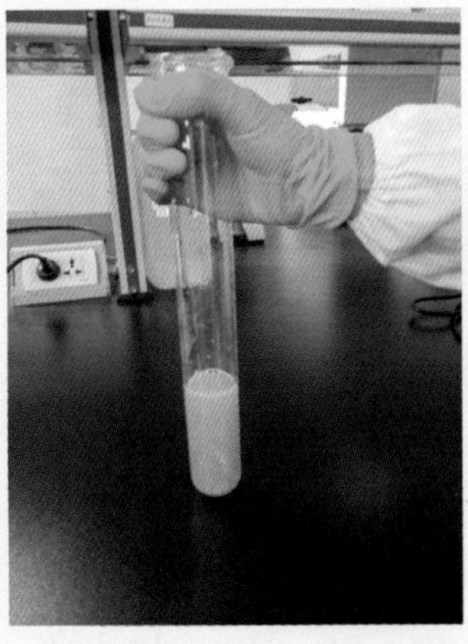

图4-2-14　试样装入蒸馏管中，加水75mL，振摇，浸渍30min

图4-2-15　清洗、试运行，进行试剂空白测定，记录空白值V_2

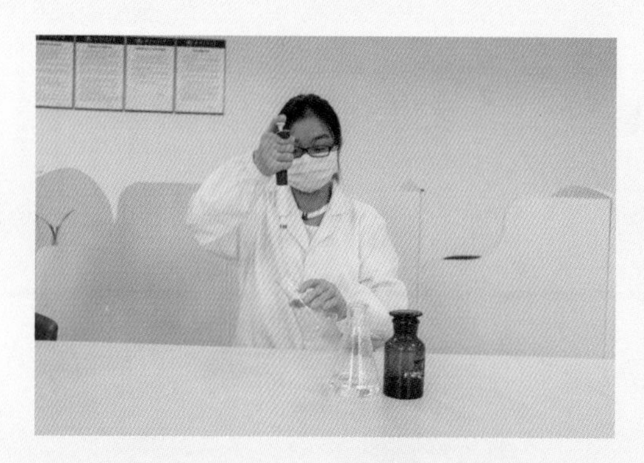

图4-2-16　加30mL硼酸接收液

图4-2-17　加10滴甲基红-溴甲酚绿指示剂

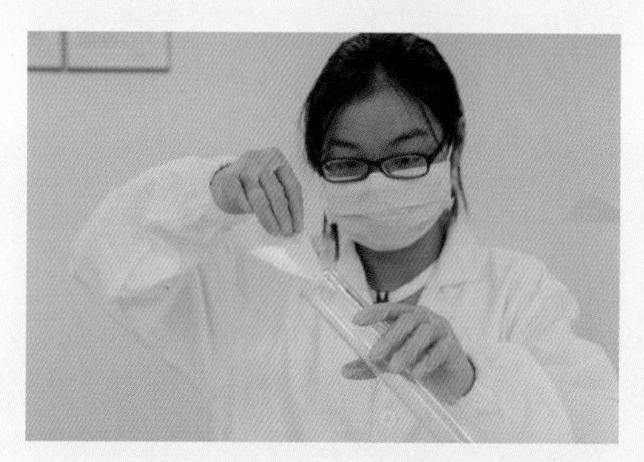

图4-2-18　试样蒸馏管中加入1g氧化镁

图4-2-19　立刻连接到蒸馏器上，按照仪器操作说明开始测定

图4-2-20　取下锥形瓶，用0.100 0mol/L（浓度记为c）盐酸或硫酸标准溶液滴定

图4-2-21　滴定至终点，溶液为红色，记录下体积V_1

3．分析结果的表述　试样中挥发性盐基氮的含量以如下公式计算：

$$X=\frac{(V_1-V_2)\times c\times 14}{m}\times 100$$

式中，

X：试样中挥发性盐基氮的含量，单位为毫克每百克（mg/100g）；

V_1：试液消耗盐酸或硫酸标准滴定溶液的体积，单位为毫升（mL）；

V_2：试剂空白消耗盐酸或硫酸标准滴定溶液的体积，单位为毫升（mL）；

c：盐酸或硫酸标准滴定溶液的浓度，单位为摩尔每升（mol/L）；

14：滴定1.0mL盐酸[c（HCl）=1.000mol/L]或硫酸[c（1/2H_2SO_4）=1.000mol/L]标准滴定溶液相当的氮的质量，单位为克每摩尔（g/mol）；

m：试样质量，单位为克（g）；

100：计算结果换算为毫克每百克（mg/100g）。

试验结果以重复性条件下获得的两次独立测定结果的算术平均值表示，结果保留三位有效数字。

第三节　菌落总数和大肠菌群的测定

菌落总数和大肠菌群的测定分别按照GB 4789.2—2016《食品安全国家标准　食品微生物学检验　菌落总数测定》和GB/T　4789.3—2003《食品卫生微生物学检验　大肠菌群测定》规定的方法进行。鸭肉的微生物指标参考GB 16869—2005《鲜、冻禽产品》，如表4-3-1所示。

表4-3-1　菌落总数和大肠菌群的测定指标

项目	指标	
	鲜鸭产品	冻鸭产品
菌落总数/（CFU/g）≤	1×10^6	5×10^5
大肠菌群/(MPN/100g)≤	1×10^4	5×10^3

一、菌落总数的测定

菌落总数是指食品检样经过处理，在一定条件下培养后（如培养基、培养温度和培养时间等），所得每克或毫升检样中形成的微生物菌落总数。菌落总数主要作为判定食品被细菌污染程度的标志。菌落总数测定时至少取样5只整鸭，以1只鸭为例，介绍菌落总数的测定流程（图4-3-1）。

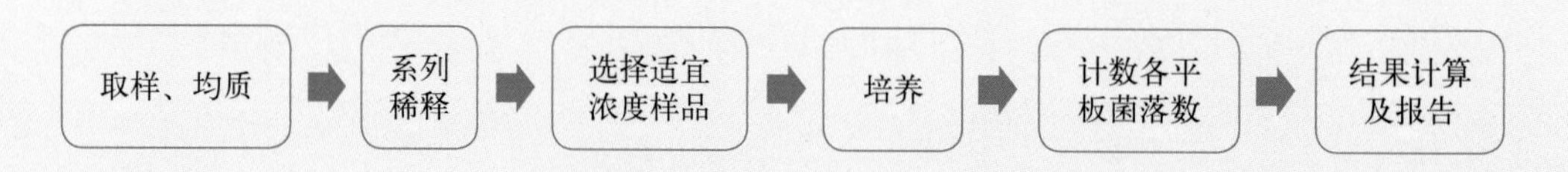

图4-3-1　菌落总数的测定流程

1．样品处理　称取25g样品于盛有225mL稀释液无菌磷酸盐缓冲液或无菌生理盐水（图4-3-2）的无菌均质袋（图4-3-3）中，用拍击式均质器拍打1～2min，制成1∶10的样品匀液。

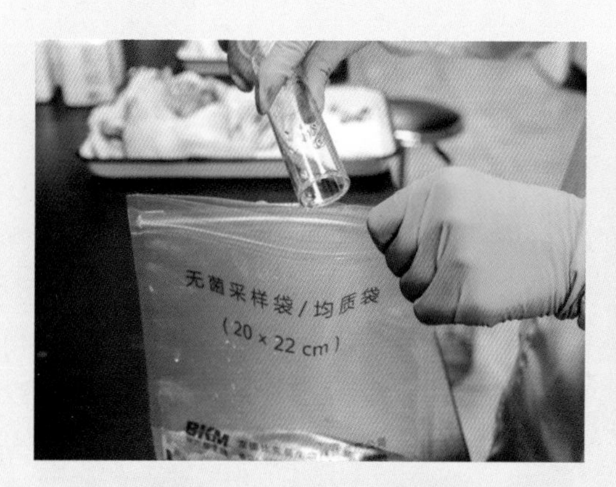

图4-3-2　样品加入稀释液

图4-3-3　均质袋

2．10倍系列稀释（图4-3-4、图4-3-5）

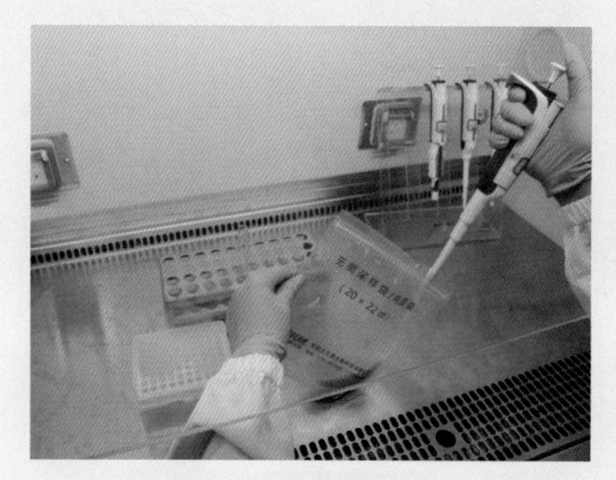

图4-3-4　吸取1:10样品匀液1mL，注入9mL稀释液的无菌试管中

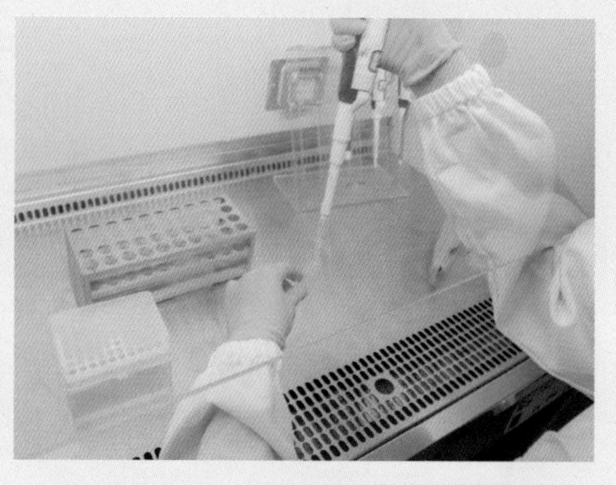

图4-3-5　按上项操作进行10倍系列稀释

3．接种（图4-3-6、图4-3-7）

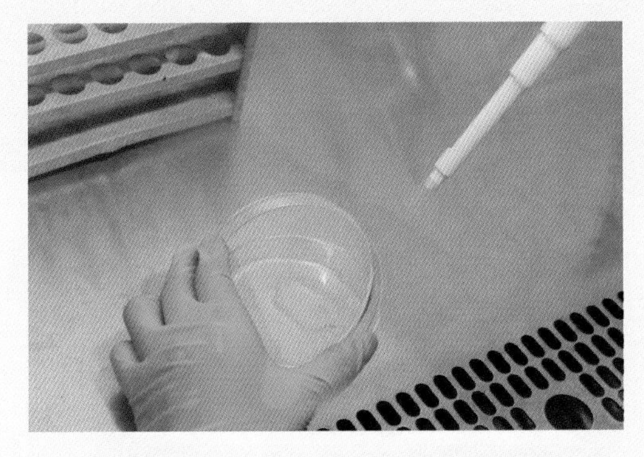

图4-3-6 选择2~3个适宜稀释度的样品匀液。吸取1mL样品匀液于无菌平皿内

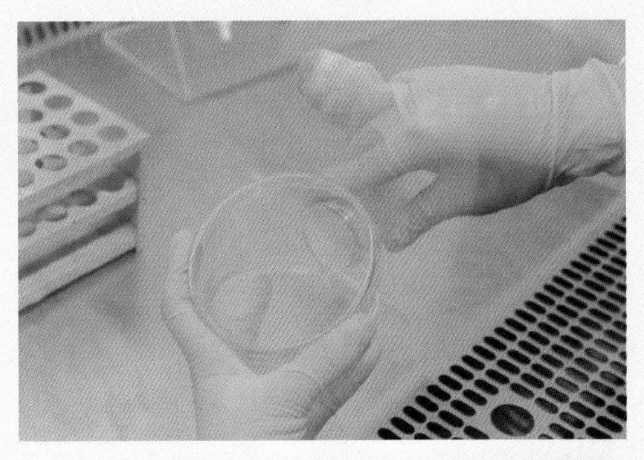

图4-3-7 将15~20mL冷却至46℃的平板计数琼脂培养基(PCA)倾注平皿，转动平皿混合均匀

4．培养 每个稀释度做两个平皿，吸取1mL空白稀释液做两组空白对照。

若样品中可能含有在琼脂培养基表面弥漫生长的菌落，可在凝固后的琼脂表面覆盖一薄层琼脂培养基（约4mL），凝固后翻转平板培养（图4-3-8）。

图4-3-8 待琼脂凝固后，将平板翻转，36±1℃培养48±2h

5．菌落计数 菌落计数用户肉眼观察，必要时用放大镜或菌落计数器（图4-3-9），记录稀释倍数和相应的菌落数量。菌落计数以菌落形成单位（CFU）表示（图4-3-10至图4-3-13）。

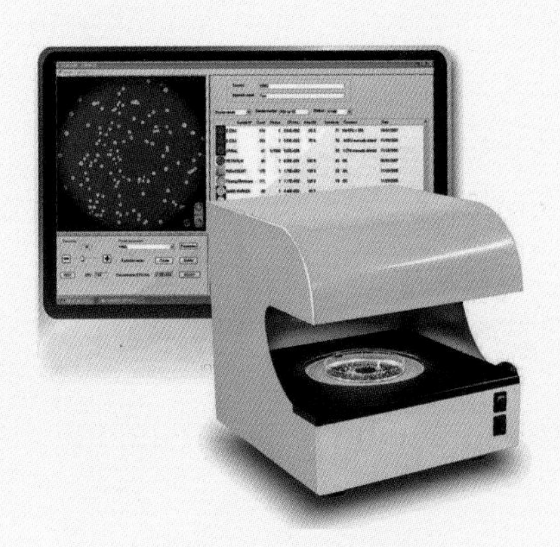

图4-3-9 菌落计数器

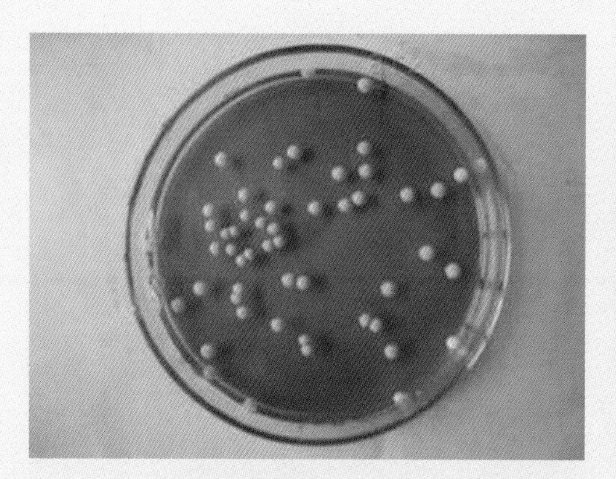

图4-3-10　菌落数在30~300CFU、无蔓延。低于30CFU记录具体菌落数，大于300CFU记为多不可计。每个稀释度采用两个平板总和的平均数

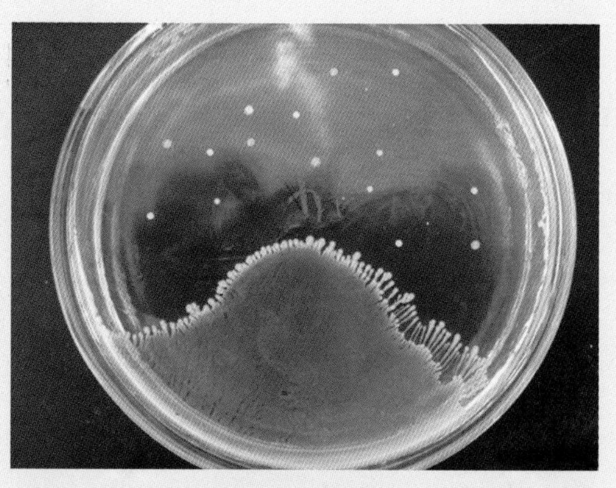

图4-3-11　片状菌落不到平板的一半，另一半菌落分布很均匀，可计算半个平板后乘以2，代表一个平板菌落数

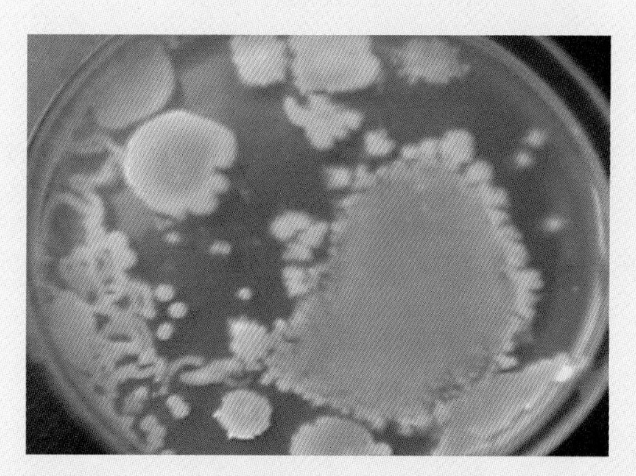

图4-3-12　一个平板有较大片状菌落生长时，不宜采用

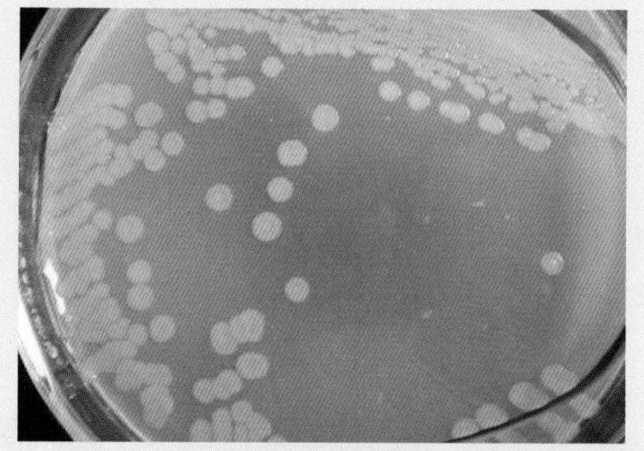

图4-3-13　菌落间出现无明显界线的链状生长时，每条单链作为一个菌落计数

6．计算菌落总数

①若只有一个稀释度平板上的菌落数在适宜计数范围内，计算两个平板菌落数的平均值，再将平均值乘以相应稀释倍数，作为每克或毫升样品中菌落总数的结果，见表4-3-2。

表4-3-2　只有一个稀释度的菌落数在适宜计数范围时的菌落总数

例次	稀释液及菌落数			菌落总数 CFU/g 或 mL	报告方式 CFU/g 或 mL
	10^{-1}	10^{-2}	10^{-3}		
1	多不可计	164	20	16 400	16 000或1.6×10^4

②若有两个连续稀释度的平板菌落数在适宜计数范围内时，按下式计算：

$$N = \frac{\sum C}{(n_1+0.1n_2)\ d}$$

式中，

N：平板菌落总数；

$\sum C$：平板（含适宜范围菌落数的平板）菌落数之和；

n_1：第一稀释度（低稀释倍数）平板个数；

n_2：第二稀释度（高稀释倍数）平板个数；

d：稀释因子（第一稀释度）。

③若所有稀释度的平板上菌落数均大于300CFU，则对稀释度最高的平板进行计数，其他平板记录为多不可计，结果按平均菌落数乘以最高稀释倍数计算，见表4-3-3。

表4-3-3　所有稀释度的菌落数均大于300CFU时的菌落总数

例次	稀释液及菌落数			菌落总数 CFU/g 或 mL	报告方式 CFU/g 或 mL
	10^{-1}	10^{-2}	10^{-3}		
2	多不可计	多不可计	313	313 000	313 000或3.1×10^5

④若所有稀释度的平板菌落数均小于30CFU，则应按稀释度最低的平均菌落数乘以稀释倍数计算，见表4-3-4。

表4-3-4　所有稀释度的菌落数均小于30CFU时的菌落总数

例次	稀释液及菌落数			菌落总数 CFU/g 或 mL	报告方式 CFU/g 或 mL
	10^{-1}	10^{-2}	10^{-3}		
3	27	11	5	270	270或2.7×10^2

⑤若所有稀释度平板均无菌落生长，则以小于1乘以最低稀释倍数计算，见表4-3-5。

表4-3-5　所有稀释度平板无菌落时的菌落总数

例次	稀释液及菌落数			菌落总数 CFU/g 或 mL	报告方式 CFU/g 或 mL
	10^{-1}	10^{-2}	10^{-3}		
4	0	0	0	1×10	<10

⑥若所有稀释度的平板菌落数均不在30～300CFU，以最接近30CFU或300CFU的平均菌落数计算，见表4-3-6。

表4-3-6　所有稀释度的菌落数均不在30～300CFU时的菌落总数

例次	稀释液及菌落数			菌落总数 CFU/g 或 mL	报告方式 CFU/g 或 mL
	10^{-1}	10^{-2}	10^{-3}		
5	多不可计	305	12	30 500	31 000或3.1×10^{4}

二、大肠菌群的测定

大肠菌群（coliform bacteria）是一群能发酵乳糖、产酸产气、需氧和兼性厌氧的革兰氏阴性无芽孢杆菌。该菌主要来源于人畜粪便，故以此作为粪便污染指标来评价食品的卫生质量，推断食品中有否污染肠道致病菌的可能。

食品中大肠菌群数系以100mL（g）检样内大肠菌群最可能数（MPN）表示，测定程序见图4-3-14。

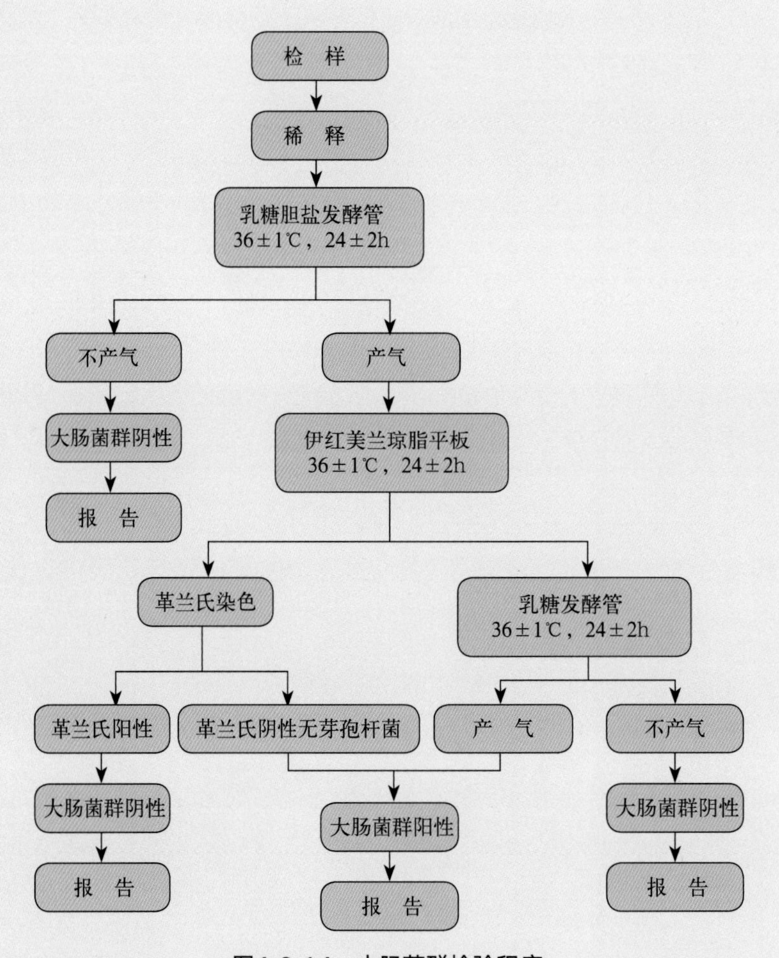

图4-3-14　大肠菌群检验程序

1．取样与样品处理　大肠菌群测定时取样数量及样品稀释操作均与菌落总数一致。

2．乳糖发酵试验　样品接种1mL于乳糖胆盐发酵管内（图4-3-15），每一稀释度接种3管，于36±1℃恒温培养24±2 h，如所有乳糖胆盐发酵管都不产气，报告为大肠菌群阴性（图4-3-16）。如有产气者，按下述程序进行。

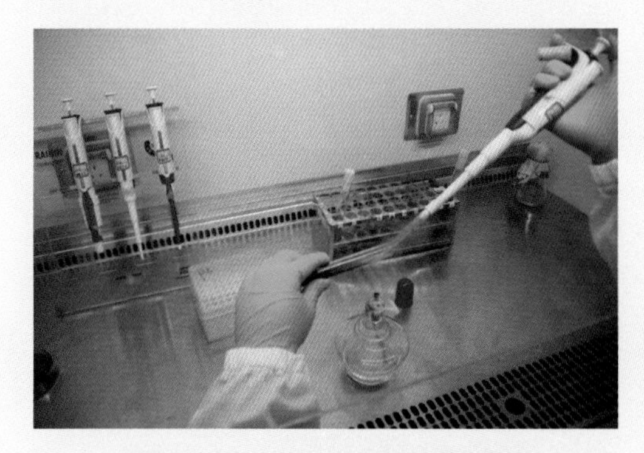

图4-3-15　接种乳糖胆盐发酵管

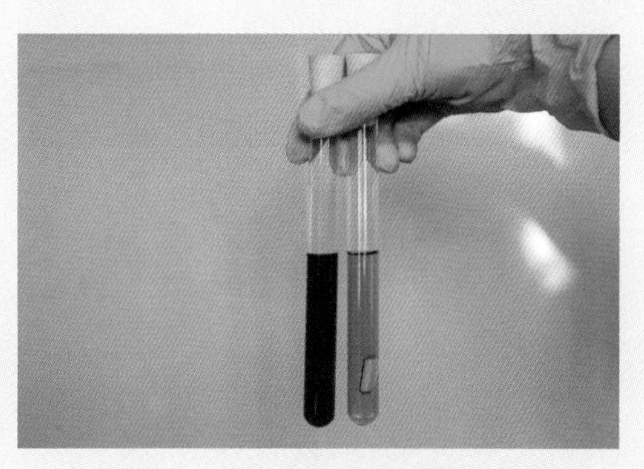

图4-3-16　乳糖胆盐发酵管结果

3．分离培养　将产气的发酵管分别转种在伊红美蓝琼脂平板上（图4-3-17），于36±1℃恒温培养18～24h，取出观察菌落形态，并做革兰氏染色和证实试验。

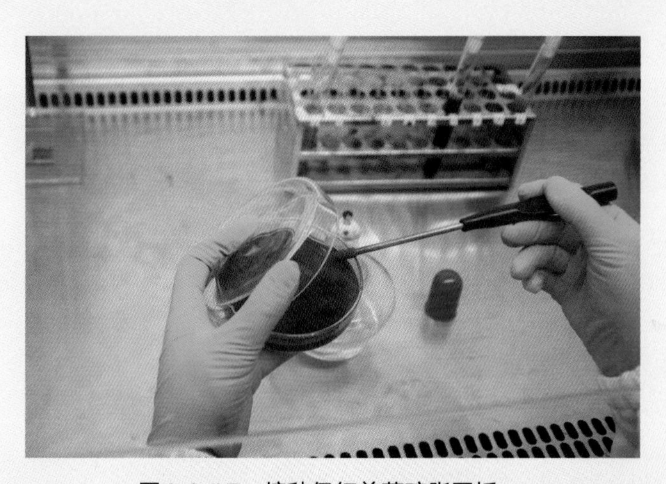

图4-3-17　接种伊红美蓝琼脂平板

4．革兰氏染色

①将菌液涂片在火焰上方固定（图4-3-18），滴加结晶紫染液（图4-3-19），染1min后水洗。

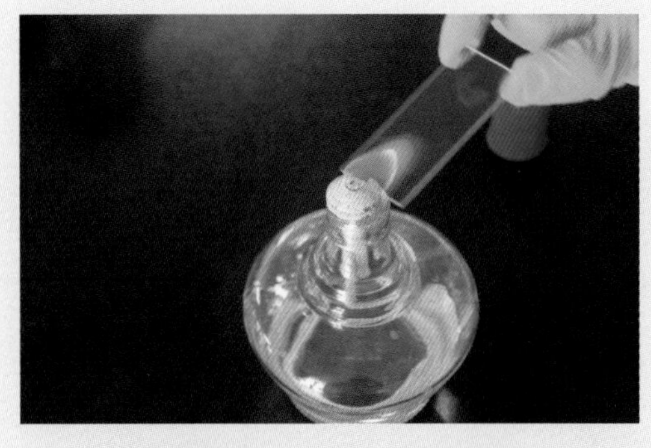

图4-3-18 涂片通过火焰固定

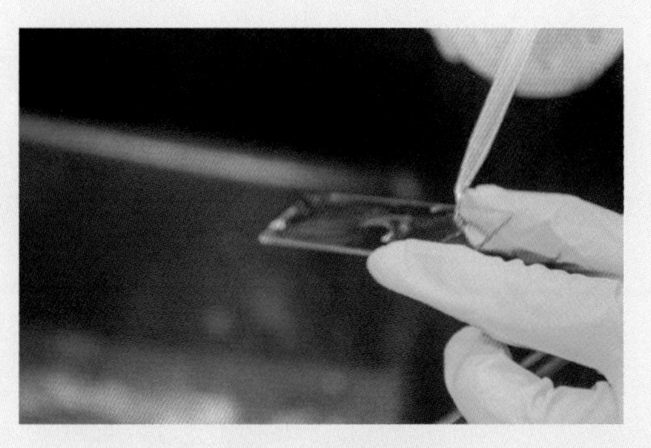

图4-3-19 滴加结晶紫染液

②滴加革兰氏碘液（图4-3-20），染1min后水洗。

③滴加95%乙醇脱色约30s后水洗（图4-3-21）。

图4-3-20 碘液染1min

图4-3-21 乙醇脱色约30s

④滴加复染液作用1min（图4-3-22），水洗，待干，镜检看结果（图4-3-23）。

图4-3-22 复染液染1min

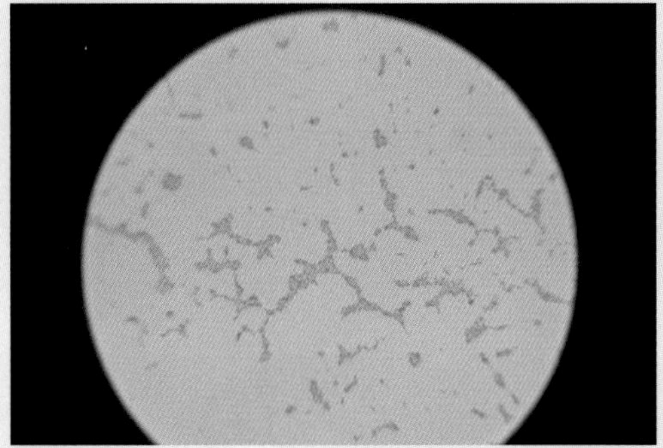

图4-3-23 革兰氏阴性菌，染色结果为红色

5．证实试验 在上述平板上，挑取可疑大肠菌群菌落1～2个接种乳糖发酵管，

置36±1℃培养箱内培养24±2h，观察产气情况（图4-3-24）。

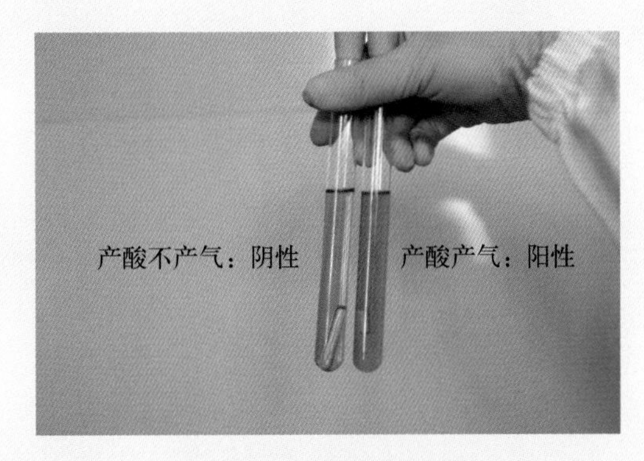

图4-3-24　乳糖发酵结果

6．结果报告　凡乳糖管产气、革兰氏染色为阴性的无芽孢杆菌，即可报告为大肠菌群阳性。

根据证实为大肠菌群阳性的管数，查大肠菌群最可能数（MPN）检索表（表4-3-7），报告每100g大肠菌群的MPN值。

表4-3-7　MPN检索表

阳性管数			MPN	95%可信限		阳性管数			MPN	95%可信限	
1mL(g)×3	0.1mL(g)×3	0.01mL(g)×3	100mL(g)	下限	上限	1mL(g)×3	0.1mL(g)×3	0.01mL(g)×3	100mL(g)	下限	上限
0	0	0	<30	<5	90	2	0	0	90	10	360
0	0	1	30			2	0	1	140	30	370
0	0	2	60			2	0	2	200		
0	0	3	90			2	0	3	260		
0	1	0	30	<5	130	2	1	0	150	30	440
0	1	1	60			2	1	1	200	70	890
0	1	2	90			2	1	2	270		
0	1	3	120			2	1	3	340		
0	2	0	60			2	2	0	210	40	470
0	2	1	90			2	2	1	280	100	1 500
0	2	2	120			2	2	2	350		
0	2	3	160			2	2	3	420		
0	3	0	90			2	3	0	290		
0	3	1	130			2	3	1	360		
0	3	2	160			2	3	2	440		
0	3	3	190			2	3	3	530		
1	0	0	40	<5	200	3	0	0	230	40	1 200
1	0	1	70	10	210	3	0	1	390	70	1 300
1	0	2	110			3	0	2	640	150	3 800
1	0	3	150			3	0	3	950		
1	1	0	70	10	230	3	1	0	430	70	2 100
1	1	1	110	30	360	3	1	1	750	140	2 300
1	1	2	150			3	1	2	1 200	300	3 800
1	1	3	190			3	1	3	1 600		
1	2	0	110	30	360	3	2	0	930	150	3 800
1	2	1	150			3	2	1	1 500	300	4 400
1	2	2	200			3	2	2	2 100	350	4 700
1	2	3	240			3	2	3	2 900		
1	3	0	160			1	3	0	2 400	360	13 000
1	3	1	200			1	3	1	4 600	710	24 000
1	3	2	240			1	3	2	11 000	1 500	48 000
1	3	3	290			1	3	3	≥24 000		

第四节 肉品中兽药残留的测定图解

兽药残留检测常用筛选法、定量和确证方法。筛选法包括酶联免疫吸附法（ELISA）和胶体金免疫层析法（试纸卡法），优点是成本低、携带方便、使用快捷；但一般只能检测一种药物，假阳性出现较多且灵敏度低，须再经确证。定量和确证法，常用有高效液相色谱法（HPLC）、液相色谱-串联质谱法（LC-MS/MS）和气相色谱-串联质谱法（GC-MS）。具有灵敏度高、选择性强和定量准确的优点。

国家动物及动物产品兽药残留监控计划规定鸭的主要兽药残留项目见表4-4-1。

一、兽药类别及其测定方法

表4-4-1 鸭肉部分兽药及其检测方法

检测方法	定量指标	兽药名称	检测限
液相色谱-串联质谱	外标法	磺胺类	0.5 μg/kg
		氟苯尼考	—
	内标法	氯霉素	—
		地塞米松	—
高效液相色谱	外标法	氟喹诺酮类	20 μg/kg
		喹乙醇类	0.04 mg/kg
高效液相色谱-串联质谱	内标法	硝基呋喃代谢物	0.25 ng/g（检测限） 0.5 ng/g（定量限）

表4-4-2 16种磺胺类药物名称及其检测限

化合物名称	检测限
磺胺甲噻二唑	2.5 μg/kg
磺胺醋酰、磺胺嘧啶、磺胺吡啶、磺胺二甲异噁唑、磺胺甲基嘧啶、磺胺氯哒嗪、磺胺-6-甲氧嘧啶、磺胺邻二甲氧嘧啶、磺胺甲基异噁唑	5.0 μg/kg
磺胺噻唑、磺胺甲氧哒嗪、磺胺间二甲氧嘧啶	10.0 μg/kg
磺胺对甲氧嘧啶、磺胺二甲嘧啶	20.0 μg/kg
磺胺苯吡唑	40.0 μg/kg

二、色谱测定流程

1．样品经提取、净化等前处理后供色谱测定。

2．色谱仪操作流程见图4-4-1至图4-4-6。

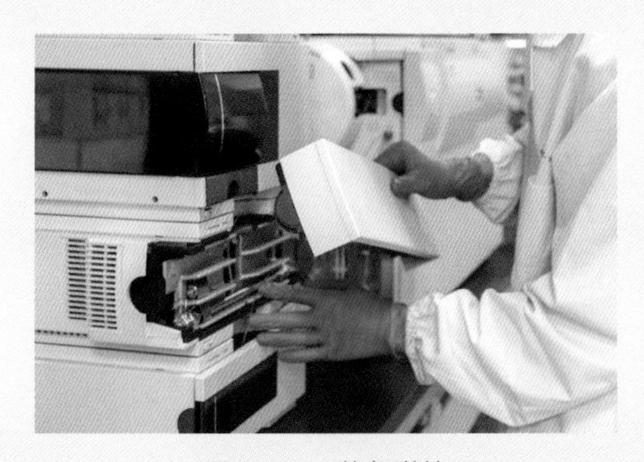

图4-4-1 装色谱柱

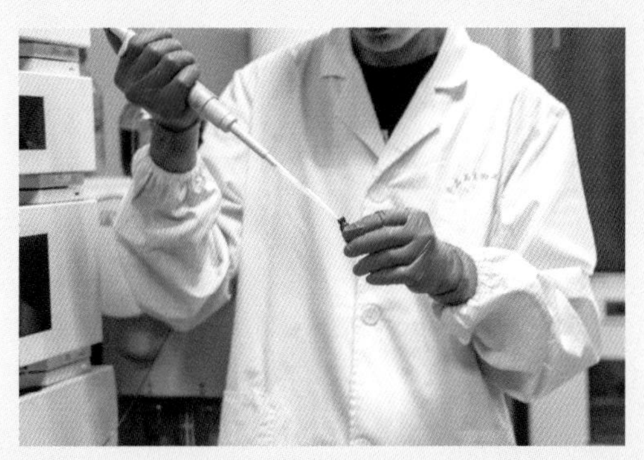

图4-4-2 加样

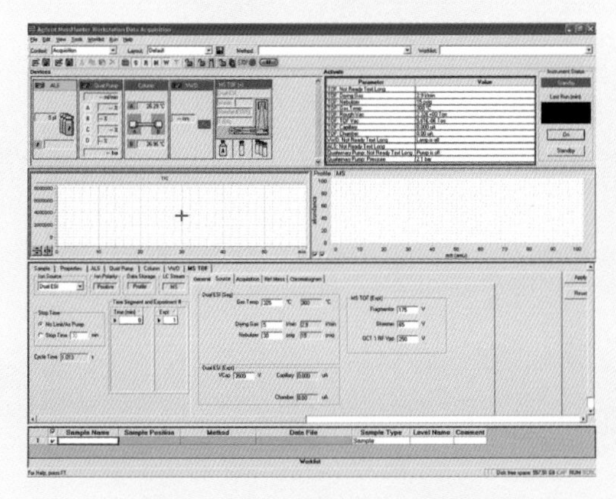

图4-4-3 仪器工作参数设定

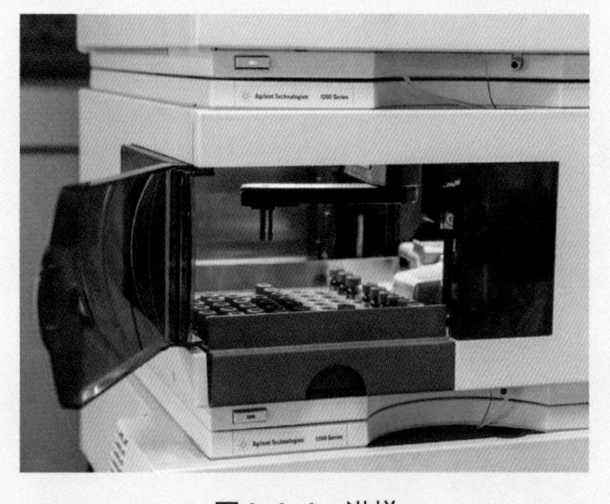

图4-4-4 进样

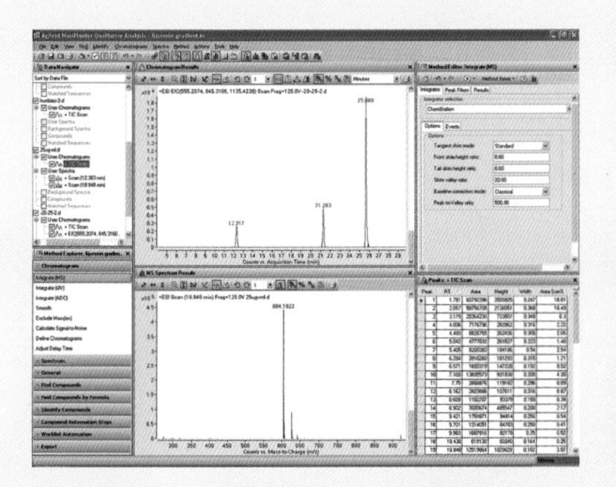

图4-4-5 根据保留时间进行定性测量

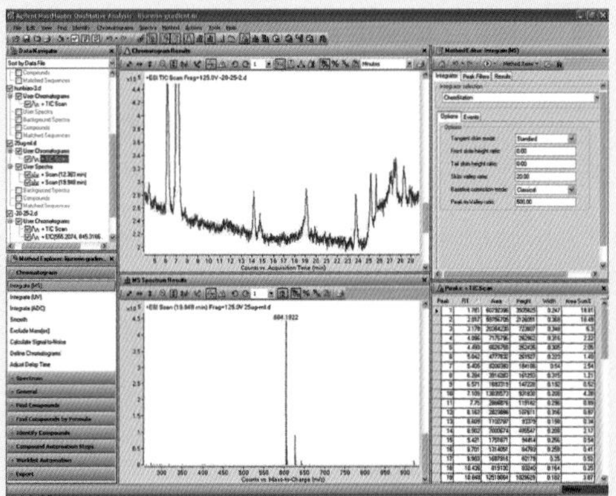

图4-4-6 根据外标/内标法进行定量测定

三、检测方法

以磺胺类药物为例，介绍鸭肉中兽药残留的色谱检测方法。磺胺类药物的检测按照农业部1025号公告-23—2008《动物源食品中磺胺类药物残留检测 液相色谱-串联质谱法》操作。

（一）测定参数

1．色谱条件如表4-4-3所示。流动相梯度洗脱条件见表4-4-4。

表4-4-3　磺胺类药物残留检测的色谱条件

色谱柱	流动相	流速	柱温	进样量	分流比
C_{18}柱，150mm×2.1mm，5μm	A相：乙腈（0.1%甲酸） B相：水（0.1%甲酸）	0.8mL/min	室温	10 μL	1∶3

表4-4-4　流动相梯度洗脱条件

时间 /min	流速 /(mL/min)	A	B
0.0	0.2	10	90
5	0.2	25	75
20	0.2	55	45
30	0.2	10	90

2．质谱条件见表4-4-5。

表4-4-5　磺胺类药物残留检测的质谱条件

电离模式	毛细管电压	脱溶剂温度	离子源温度	脱溶剂氮气流速	采集方式
电喷雾正离子	3V	300℃	80℃	440 L/h	多反应监测（MRM）

（二）测定

通过样品总离子流色谱图的保留时间和各色谱峰对应的特征离子，与标准品相应的保留时间和各色谱峰对应的特征离子进行对照定性。样品与标准品保留时间的相对偏差不大于5%，特征离子峰百分比与标准品相差不大于10%。

（三）结果计算

$$X = \frac{Af}{m}$$

式中，

A：试样特征离子峰面积与基质标准溶液特征离子峰面积比值对应磺胺类药物质

量，单位为微克（μg）；

f：试样稀释倍数；

m：试样的取样量，单位为克（g）。

测定结果用平行测定的算术平均值表示，保留至小数点后两位。

四、其他药物参考保留时间

1．氟苯尼考参考保留时间（图4-4-7）

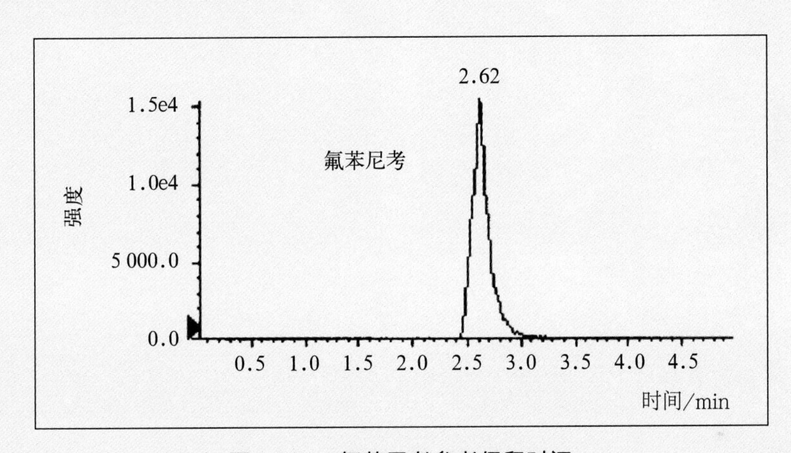

图4-4-7　氟苯尼考参考保留时间

2．氯霉素及氘代氯霉素参考保留时间（图4-4-8、图4-4-9）

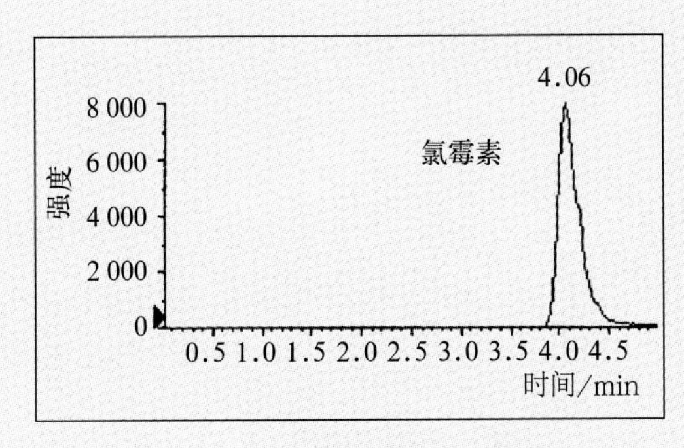

图4-4-8　氯霉素参考保留时间

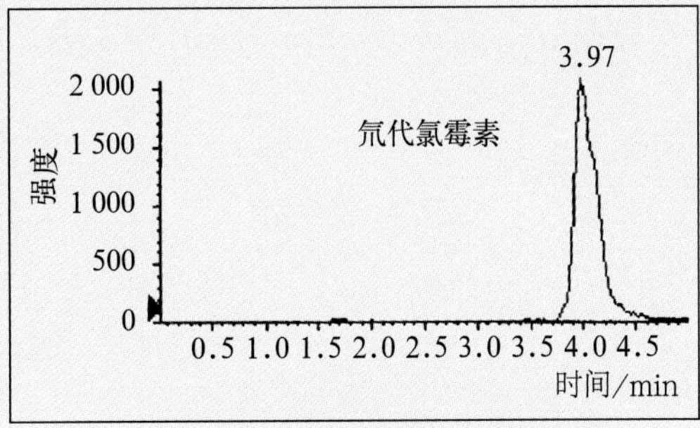

图4-4-9　氘代氯霉素参考保留时间

3．地塞米松参考保留时间

（1）试样经前处理后再经BOND-ENUL Si固相萃取柱净化（图4-4-10），微孔滤膜过滤（图4-4-11）后供色谱测定。

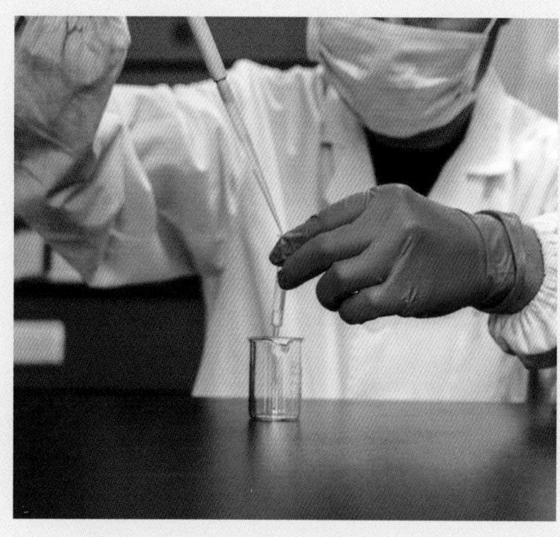

图4-4-10 过固相萃取柱柱净化

图4-4-11 微孔滤膜过滤

（2）地塞米松和甲基强的松龙的参考保留时间（表4-4-6）。

表4-4-6 地塞米松和甲基强的松龙的保留时间

名称	保留时间 /min
地塞米松	3.75
甲基强的松龙	3.48

4．氟喹诺酮类、喹乙醇（图4-4-12、图4-4-13）

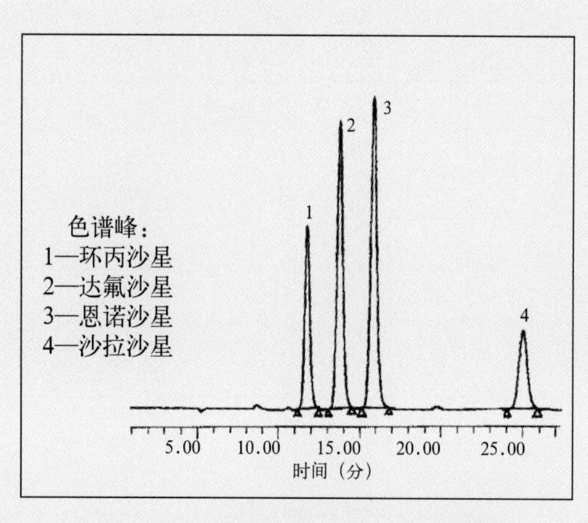

图4-4-12 氟喹诺酮类药物对照色谱

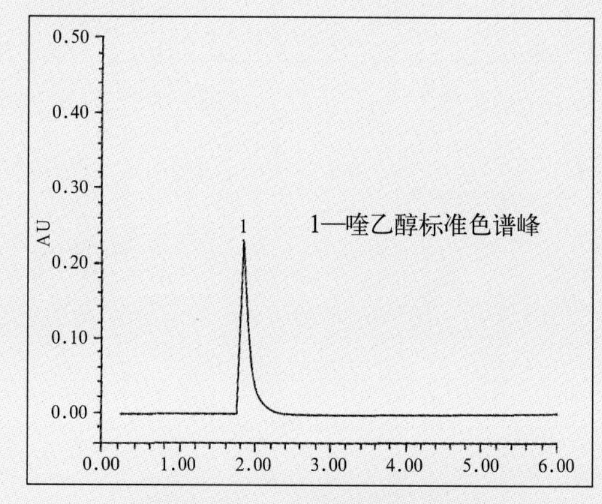

图4-4-13 喹乙醇标准色谱

5．硝基呋喃类代谢物特征离子质量色谱（图4-4-14、图4-4-15）

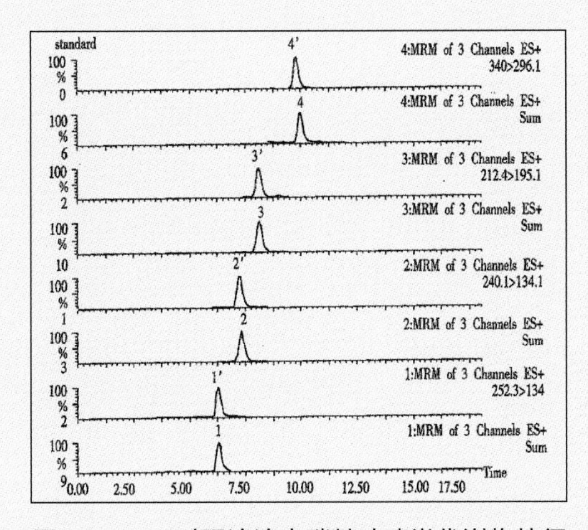

图4-4-14　对照溶液中硝基呋喃类代谢物特征离子质量色谱

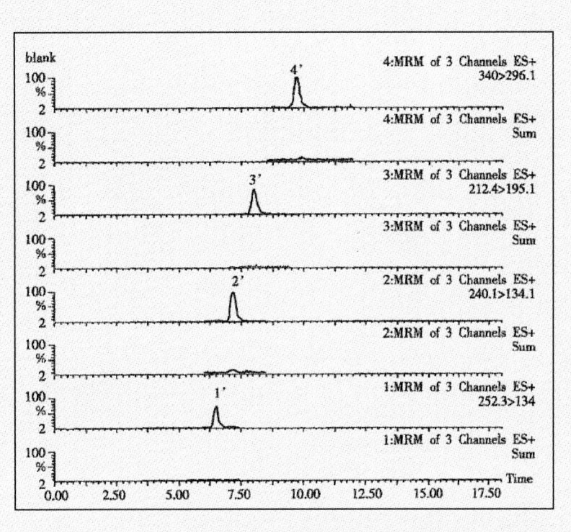

图4-4-15　空白溶液中硝基呋喃类代谢物特征离子质量色谱

第五节　肉品中非法添加物的测定

一、“瘦肉精”检测方法及结果判定

目前，肉中存在非法添加物质，尤其“瘦肉精”已成为困扰肉类质量安全的主要问题。“瘦肉精”属于β-肾上腺素受体激动剂，近年来被非法添加到饲料中以提高脂肪型动物的瘦肉率和加速动物生长，人摄取一定量的瘦肉精就会中毒，甚至危及生命。

文中对“瘦肉精”的检测方法参考GB/T 22286—2008《动物源性食品中多种β-受体激动剂残留量的测定 液相色谱-串联质谱法》。检测流程见图4-5-1。

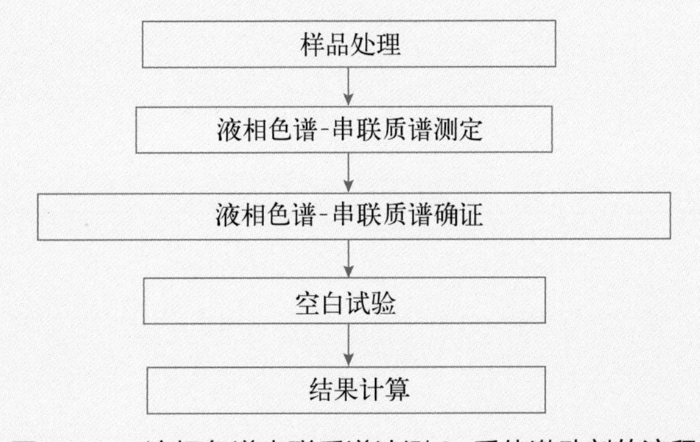

图4-5-1　液相色谱串联质谱法测β-受体激动剂的流程

（一）样品制备

样品制备过程按图4-5-2进行。

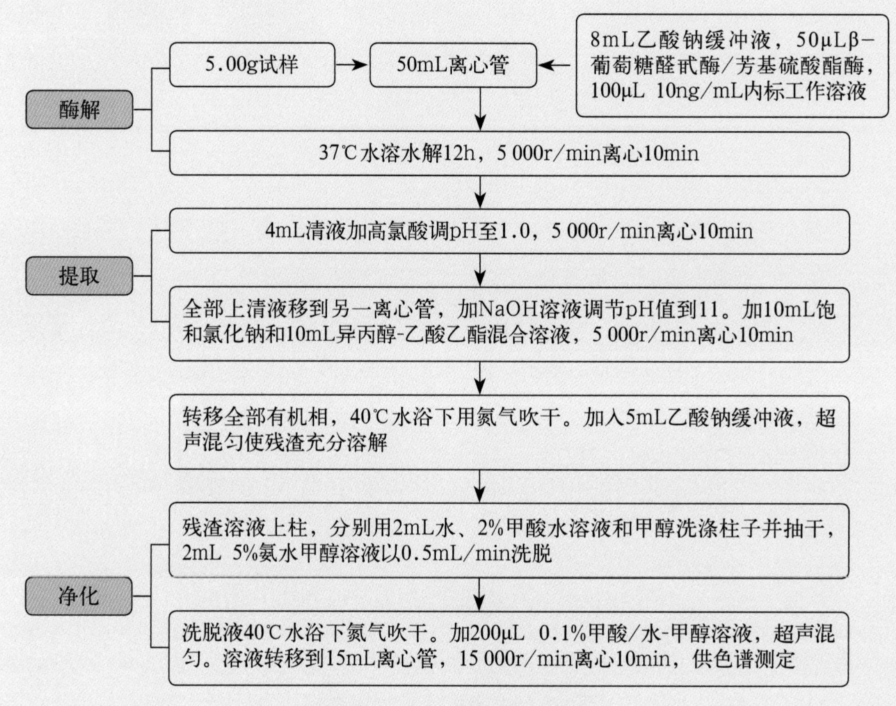

图4-5-2 样品预处理过程

（二）液相色谱-串联质谱测定

1．液相色谱-串联质谱条件

（1）色谱柱 WatersATLANTICS C18柱，150mm×2.1mm(内径)，粒度5μm。

（2）流动相 A：0.1 %甲酸/水，B：0.1 %甲酸/乙腈，梯度淋洗见表4-5-1。

（3）质谱条件见表4-5-2。

表4-5-1 梯度淋洗

时间 /min	0	2	8	21	22	25	25.5
A/%	96	96	20	77	5	5	96
B/%	4	4	80	23	95	95	4

表4-5-2 质谱条件

流速	柱温	进样量	离子源	扫描方式	脱溶剂气、锥孔气、碰撞气
0.2mL/min	30℃	20μL	电喷雾（ESI），正离子模式	多反应监测（MRM）	高纯氮气

2．液相色谱-串联质谱测定

（1）以色谱峰面积按内标法定量。在上述色谱条件下参考保留时间见表4-5-3。

表4-5-3 一些非法添加物的参考保留时间

被测物	参考保留时间 /min	被测物	参考保留时间 /min
沙丁胺醇	6.16	特布他林	17.47
塞曼特罗	6.24	塞布特罗	18.72
莱克多巴胺	7.01	克仑特罗	18.77
溴代克仑特罗	11.07	溴布特罗	23.11
苯氧丙酚胺	14.65	马布特罗	6.10
马贲特罗	15.66	克仑特罗-D_9	15.60
沙丁胺醇-D_3	16.52		

（2）标准溶液的液相色谱-串联质谱见图4-5-3。

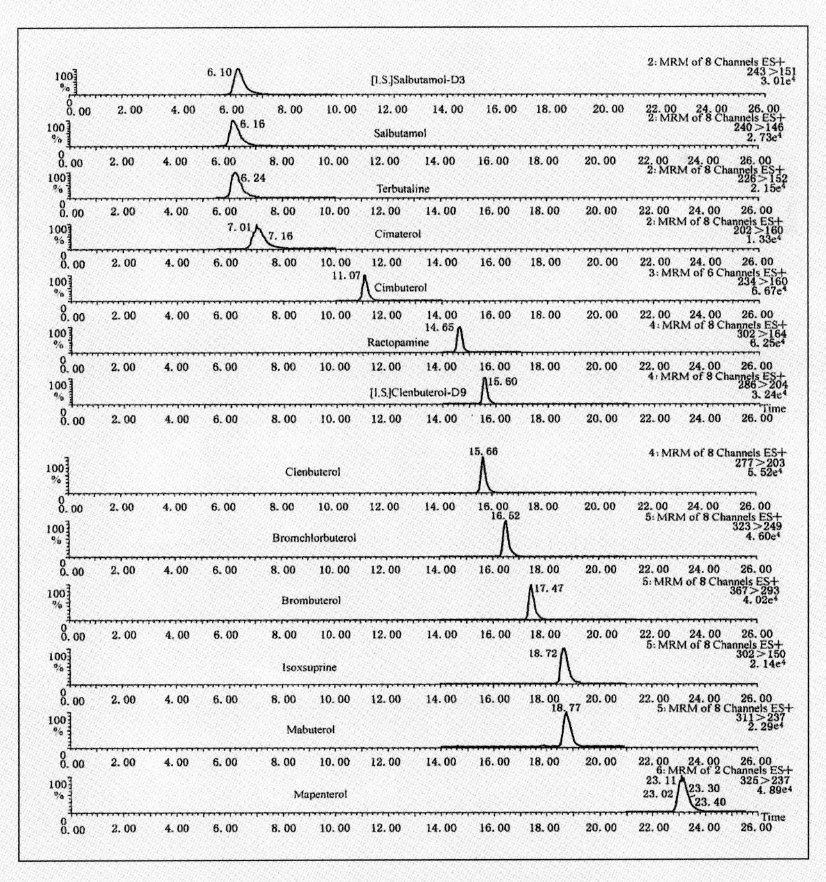

图4-5-3 标准溶液参考保留时间

3．液相色谱-串联质谱确证　如果检出的质量色谱峰保留时间与标准样品一致，且在扣除背景后的样品谱图中，各定性离子的相对丰度与浓度接近的同样条件下得到的标准溶液谱图相比误差不超过表4-5-4规定的范围，则可判定样品中存在对应的被测物。

表4-5-4　定性确证时相对离子丰度的最大允许偏差

相对离子丰度	允许的最大偏差
>50%	±20%
>20%～50%	±25%
>10%～20%	±30%
≤10%	±50%

4．空白试验　除不加试样外，均按上述测定步骤进行。

5．计算　以如下公式进行计算。

$$X = c_s \times \frac{A}{A_s} \times \frac{c_i}{c_{si}} \times \frac{A_{si}}{A_i} \times \frac{V}{m} \times \frac{1000}{1000}$$

式中，

X：样品中被测物残留量，单位为微克每千克（μg/kg）；

c：标准工作溶液的浓度，单位为微克每升（μg/L）；

c_{si}：标准工作溶液中内标物的浓度，单位为微克每升（μg/L）；

c_i：样液中内标物的浓度，单位为微克每升（μg/L）；

A_s：标准工作溶液的峰面积；

A：样液中试样峰面积；

A_{si}：标准工作溶液中内标物的峰面积；

A_i：样液中内标物的峰面积；

V：样品定容体积，单位为毫升（mL）；

m：样品称样量，单位为克（g）。

6．检出限　检出限为0.5μg/kg。

二、水分含量的测定

（一）直接干燥法

利用食品中水分的物理性质，在101.3kPa，温度101～105℃下采用挥发的方法测定样品中干燥减失的重量，包括吸湿水、部分结晶水和该条件下能挥发的物质，再通过干燥前后的称量数值计算出水分的含量。测定程序如图4-5-4所示。

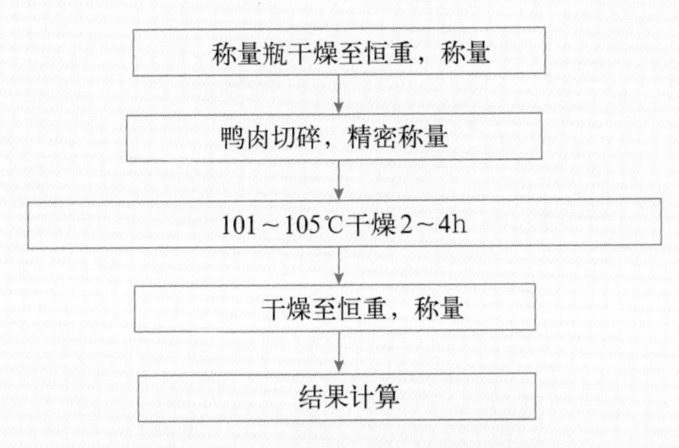

图4-5-4　直接干燥法测定流程

1．取洁净扁形称量瓶，于101～105℃干燥箱中，瓶盖斜支于瓶边，加热1.0h（图4-5-5、图4-5-6）。

图4-5-5　称量瓶瓶盖斜支于瓶边

图4-5-6　干燥箱温度设为101℃

2．取出盖好，置干燥器内冷却0.5h（图4-5-7、图4-5-8），称量记为m_3，重复干燥至前后两次质量差不超过2mg，即为恒重（两次恒重值在最后计算中，取质量较小的一次称量值），如图4-5-9和图4-5-10所示。

图4-5-7　干燥器

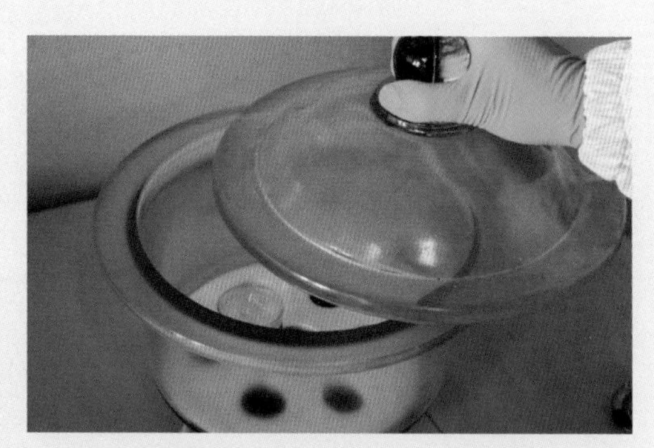

图4-5-8　干燥器内冷却0.5h

图4-5-9　干燥后称重

图4-5-10　重复干燥至恒重

3．鸭肉尽可能切碎，称取2.000 0～10.000 0g放入称量瓶中，鸭肉与称量瓶质量记为m_1（图4-5-11），厚度不超过5mm，加盖，精密称量后，置于101～105℃干燥箱中，瓶盖斜支于瓶边，干燥2～4h（图4-5-12）。

4．盖好取出，放入干燥器内冷却0.5h后称量（图4-5-13）。再次干燥1h左右，取出冷却0.5h再称量，并重复以上操作至前后两次质量差不超过2mg，即为恒重，记恒重为m_2（图4-5-14）。

图4-5-11　精确称量鸭肉质量

图4-5-12　干燥箱内干燥2~4h

图4-5-13 干燥后称重

图4-5-14 重复干燥至恒重

5．根据如下公式计算待测鸭肉样品水分含量。

$$X=\frac{m_1-m_2}{m_1-m_3}\times 100$$

式中，

X：试样中水分的含量，单位为克每百克（g/100g）；

m_1：称量瓶和试样的质量，单位为克（g）；

m_2：称量瓶和试样干燥后的质量，单位为克（g）；

m_3：称量瓶的质量，单位为克（g）；

100：单位换算系数。

（二）蒸馏法

利用食品中水分的物理化学性质，使用水分测定器将食品中的水分与甲苯或二甲苯共同蒸出，根据接收的水的体积计算出试样中水分的含量。测定程序如图4-5-15所示。

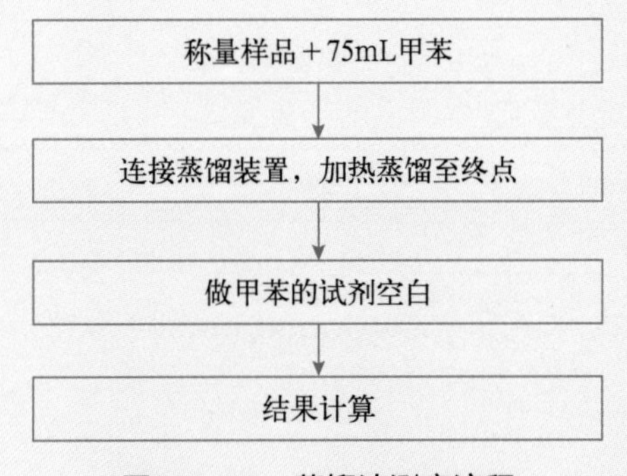

图4-5-15 蒸馏法测定流程

1．称取适量试样（图4-5-16），质量记为m（试样量使最终蒸出的水在2～5mL），放入250mL蒸馏瓶中，加入新蒸馏的甲苯（可用二甲苯代替）75mL（图4-5-17）。

图4-5-16　称取鸭肉样品（约10g）

图4-5-17　加入75mL甲苯

2．连接冷凝管与水分接收管，从冷凝管顶端注入甲苯，装满水分接收管（图4-5-18至图4-5-20）。

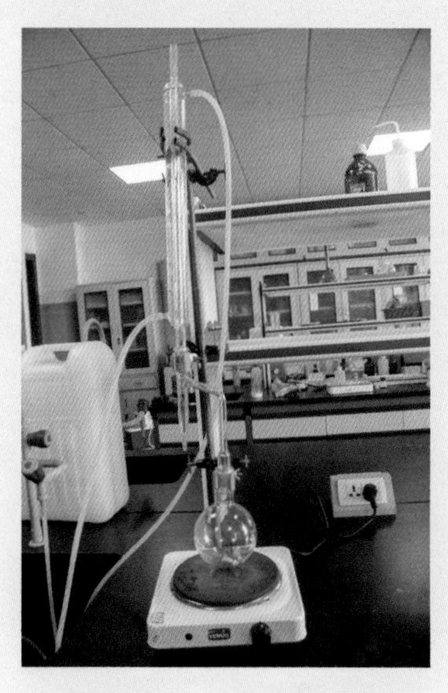

图4-5-18　连接水分测定器

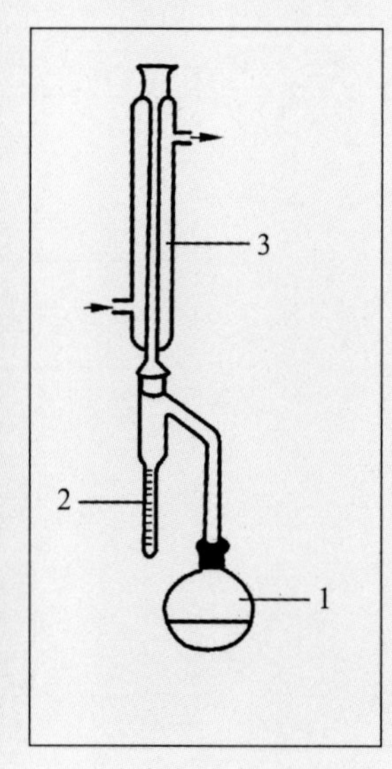

图4-5-19　水分测定器装置

1．250mL蒸馏瓶　2．水分接收管，有刻度　3．冷凝管

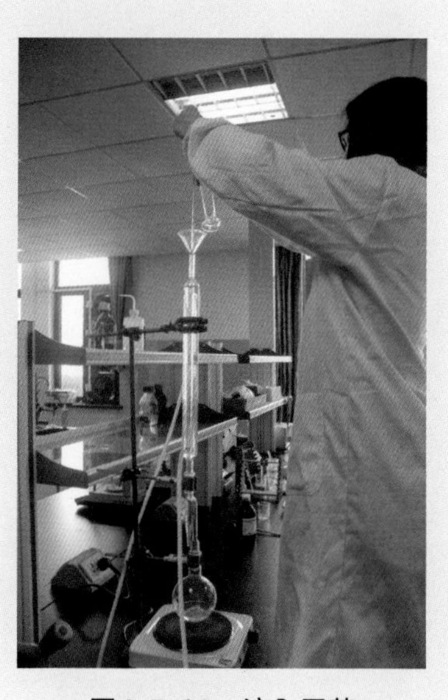

图4-5-20　注入甲苯

3．同时做甲苯的试剂空白，读取接收管水层的容积V_0。

4．加热蒸馏，使每秒钟的馏出液为两滴（图4-5-21），待大部分水分蒸出后，加速蒸馏约每秒钟四滴。

图4-5-21 初始蒸馏速度为每秒2滴

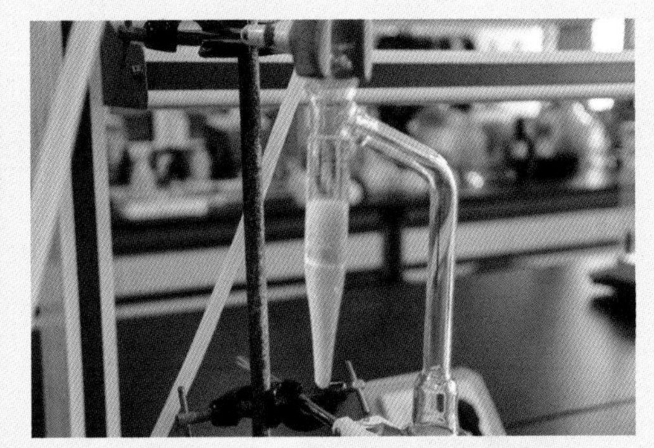

图4-5-22 蒸馏完毕下层为水层

5．当水分全部蒸出（图4-5-22），即接收管内的水体积不再增加时，从冷凝管顶端加入甲苯冲洗，如冷凝管壁附有水滴，可用附有小橡皮头的铜丝擦下，再蒸馏片刻至接收管上部及冷凝管壁无水滴附着。

6．接收管水平面保持10min不变为蒸馏终点，读取接收管水层的容积V。

7．根据如下公式计算待测鸭肉样品水分含量。

$$X=\frac{V-V_0}{m}\times 100$$

式中，

X：试样中水分的含量，单位为毫升每百克（mL/100g）；

V：蒸馏终点时样品接收管水层的容积，单位为毫升（mL）；

V_0：空白对照中接收管水层的容积,单位为毫升（mL）；

m：称量的样品的质量，单位为克（g）；

100：单位换算系数。

第五章

检验检疫记录及结果的处理

第一节 检验检疫记录

一、宰前检验检疫记录

做好入场监督查验、检疫申报、宰前检查等环节记录。

1．填写检疫申报单（图5-1-1）。

附件2 动物检疫申报单

------以下由申报人填写------

申报人姓名：________；联系电话：________

动物、动物产品种类：________；数量及单位：________

来源：__市__县__乡__村（场）；用途：________

启运地点：__市__县__乡__村（场）

启运时间：__年__月__日

到达地点：__省__市__县__乡__村（场）

依照《动物检疫管理办法》规定，现申报检疫。

申报人签字：　　（盖章）；申报时间：　年　月　日

------以下由动物卫生监督机构填写------

□受理：拟派员于___年___月___日到________实施检疫。

□不受理：理由：________________。

经办人：　　；日期：　年　月　日

检疫申报受理单

处理意见：

□受理：本所拟于___年___月___日派员到________实施检疫。

□不受理：理由：________________。

经办人：　　；联系电话：

（动物检疫专用章）

日期：　年　月　日

（交申报人）

图5-1-1 检疫申报受理单

2．填写《鸭屠宰检验检疫处理记录（宰前）》（仅供参考）（图5-1-2）。

日期	货主	产地	数量	检疫证明编号	宰前检验检疫及处理								签字人
					合格		不合格						
					数量	待宰圈号						处理方法	

填写说明：

(1) 检疫证明编号一栏填写动物原产地动物卫生监督机构出具的检疫证明编号。

(2) 不合格一栏中上栏填写不合格原因，下栏填写数量（只）。

(3) 处理方法一栏填写“急宰”“化制”“焚烧”“高温处理”等处理方法。

图5-1-2 鸭屠宰检验检疫处理记录（宰前）

3．填写屠宰检疫工作情况日记录表（图5-1-3）。

屠宰检验检疫工作情况日记录表												
						屠宰场名称：					屠宰动物种类：	
申报人	产地	入场数量(头、只、羽、匹)	入场监督查验			宰前检查		同步检疫			官方兽医姓名	备注
			临床情况	是否佩戴规定的畜禽标	回收《动物检疫合格证明》编号	合格数(头、只、羽、匹)	不合格数(头、只、羽、匹)	合格数(头、只、羽、匹)	出具《动物检疫合格证明》编号	不合格并处理数(头、只、羽、匹)		
合计												
									检疫日期：	年 月 日		

图5-1-3 屠宰检疫工作日情况记录表

二、宰后检验检疫记录

做好同步检验检疫等环节记录。

1．发现疫病的鸭类产品应填写《鸭屠宰检验检疫处理记录（宰后）》（仅供参考）（图5-1-4）。

日期	动物准宰通知单编号	总计	宰后检验检疫及处理							签字人
			合　格		不合格					
			数量	检疫证明编号					处理方法	

图5-1-4　鸭屠宰检验检疫处理记录（宰后）

2．病鸭需进行无害化处理时，填写《无害化处理通知书》（图5-1-5）。

病害动物（产品）无害化处理通知书（存根联）

№ 0000001

________：

依据《中华人民共和国动物防疫法》和国家有关检疫标准的规定，经检疫，你厂（场、点）有下列动物及其产品须按规定作无害化处理.

品名	单位	数量	检疫结果	处理方式	备注

动物卫生监督机构（章）　　检疫员（签名）　　年　月　日

病害动物（产品）无害化处理通知书（屠宰场联）

№ 0000001

________：

依据《中华人民共和国动物防疫法》和国家有关检疫标准的规定，经检疫，你厂（场、点）有下列动物及其产品须按规定作无害化处理.

品名	单位	数量	检疫结果	处理方式	备注

动物卫生监督机构（章）　　检疫员（签名）　　年　月　日

图5-1-5　无害化处理通知书（示例）

3．填写《屠宰检疫无害化处理情况日汇总表》，如图5-1-6所示。

屠宰检疫无害化处理情况日汇总表

动物卫生监督所（分所）名称：　　　　　　　　屠宰场名称：

货主姓名	产地	《检疫处理通知单》编号	宰前检疫		同步检疫		官方兽医姓名
			不合格数量（头、只、羽、匹）	无害化处理方式	不合格数量（头、只、羽、匹）	无害化处理方式	
合计							

检疫日期：　年　月　日

图5-1-6　屠宰检疫无害化处理情况日汇总表

三、检验检疫记录保存

检验检疫记录应保存12个月以上。

第二节　宰前检验检疫结果的处理

经宰前检验检疫，符合规定的健康鸭，准予屠宰（图5-2-1）。

发现病鸭和可疑病鸭时，应根据疾病的性质、发病程度、有无隔离条件等，采用禁宰、缓宰和隔离、急宰等方法处理。

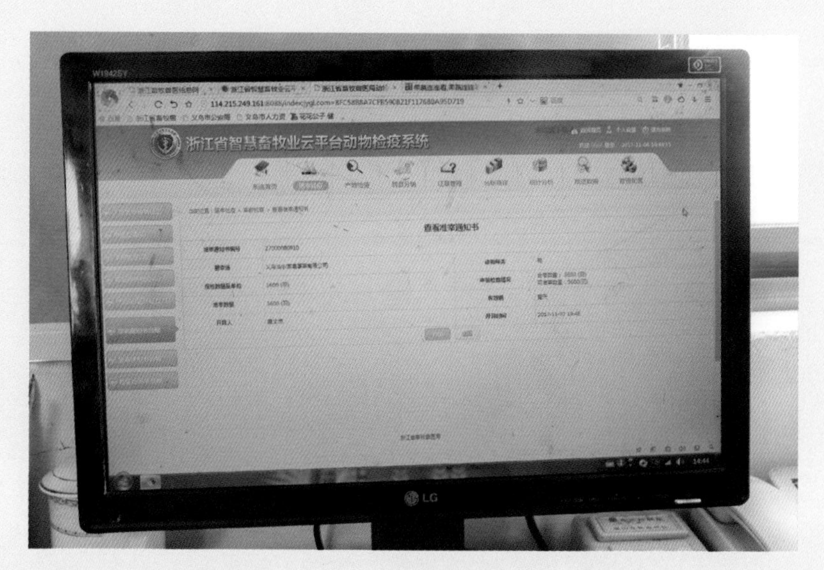

图5-2-1　宰前检验检疫合格，准予屠宰

一、合格处理

经宰前检验检疫，鸭入场（厂、点）时具备有效的《动物检疫合格证明》（图5-2-2）证物相符，入场临床检查健康，无规定的传染病和寄生虫病；需要进行实验室疫病检测的，检测结果合格；无注水和注入其他物质现象的，可回收《动物检疫合格证明》。鸭经充分休息后，宰前检验检疫符合健康标准，准予屠宰。

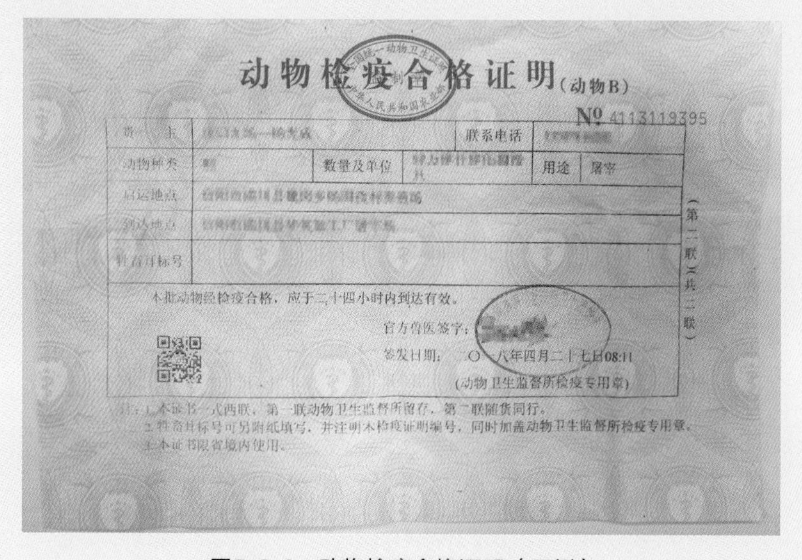

动物检疫合格证明（动物B）

№ 4113119395

货主	[illegible]		联系电话	[illegible]	
动物种类	[illegible]	数量及单位	[illegible]	用途	屠宰
启运地点	[illegible]				
到达地点	[illegible]				
牲畜耳标号					

本批动物经检疫合格，应于二十四小时内到达有效。

官方兽医签字：[illegible]

签发日期：二〇 八年四月二十七日08:11

（动物卫生监督所检疫专用章）

（第二联）（共二联）

注：1.本证书一式两联，第一联动物卫生监督所留存，第二联随货同行。
2.牲畜耳标号可另附纸填写，并注明本检疫证明编号，同时加盖动物卫生监督所检疫专用章。
3.本证书限省境内使用。

图5-2-2　动物检疫合格证明（示例）

二、不合格处理

经检验检疫，发现证物不符、检疫证明无效、有病或疑似有病、注水或注入其他物质等情况，按照国家有关规定处理。

确认鸭患有高致病性禽流感、鸭瘟、禽结核病等疫病的，限制移动，病鸭及同群鸭禁止屠宰，须用不放血方法扑杀，销毁尸体（图5-2-3）。

图5-2-3 化制处理

第三节 宰后检验检疫结果的处理

合格处理经全面检查后，确认符合要求，由检疫人员出具《动物检疫合格证明》，加盖检疫验讫印章，并对分割包装的肉品加施检疫标志（图5-3-1至5-3-3）。

动物检疫合格证明（产品A）

编号：

货主		联系电话	
产品名称		数量及单位	
生产单位名称地址			
目的地	省 市（州） 县（市、区）		
承运人		联系电话	
运载方式	□公路 □铁路 □水路 □航空		
运载工具牌号		装运前经______消毒	
本批动物产品经检疫合格，应于____日内到达有效。 官方兽医签字：______ 签发日期： 年 月 日 （动物卫生监督所检疫专用章）			
动物卫生监督检查站签章			
备注			

第一联 共二联

注：1. 本证书一式两联，第一联由动物卫生监督所留存，第二联随货同行。
2. 动物卫生监督所联系电话。

图5-3-1 动物检疫合格证明（产品A）

适用于跨省境出售或者运输动物及其动物产品

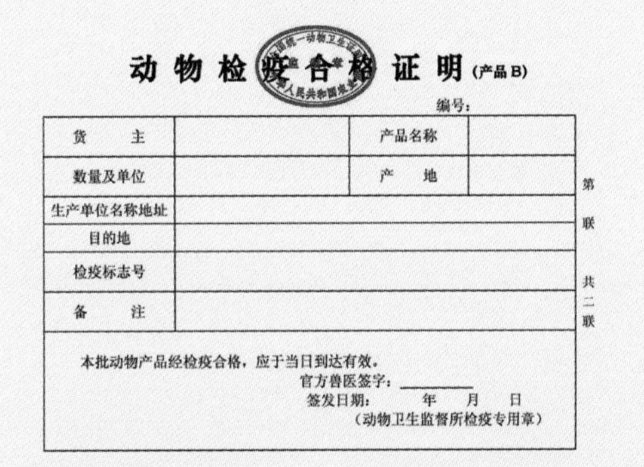

动物检疫合格证明（产品B）

编号：

货主		产品名称	
数量及单位		产地	
生产单位名称地址			
目的地			
检疫标志号			
备注			
本批动物产品经检疫合格，应于当日到达有效。 官方兽医签字：______ 签发日期： 年 月 日 （动物卫生监督所检疫专用章）			

第一联 共二联

图5-3-2 动物检疫合格证明（产品B）

适用省内出售或者运输动物及其动物产品

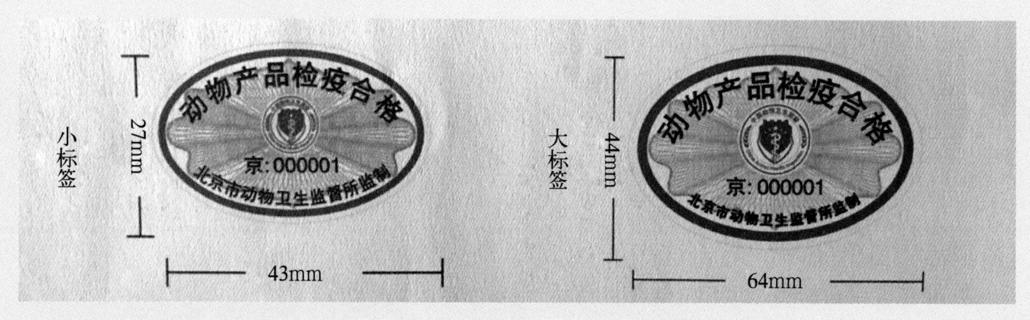

图5-3-3 动物产品检疫合格标签

经宰后检疫，不合格的出具《动物检疫处理通知单》（图5-3-4），按《中华人民共和国动物防疫法》《病死及病害动物无害化处理技术规范》等有关规定处理。

检疫处理通知单

编号：________

__________________：

按照《中华人民共和国动物防疫法》和《动物检疫管理办法》有关规定，你(单位)的____

________经检疫不合格，根据______________________________

____

之规定,决定进行如下处理：

一、____

二、____

三、____

四、____

动物卫生监督所（公章）

年 月 日

官方兽医（签名）：

当事人签收：

备注：1. 本通知单一式二份，一份交当事人，一份动物卫生监督所留存。
2. 动物卫生监督所联系电话：
3. 当事人联系电话：

图5-3-4 检疫处理通知单

检出高致病性禽流感（图5-3-5至图5-3-7）应限制移动，并按照《中华人民共和国动物防疫法》及配套法规处理；屠体、胴体、内脏和其他副产品进行销毁，同批产品及副产品作销毁处理（图5-3-8）。

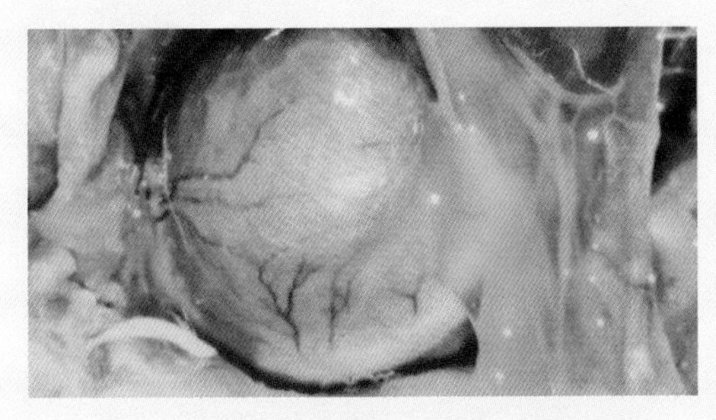

图5-3-5　心肌坏死，心包积液
（鸭病诊疗原色图谱　第2版）

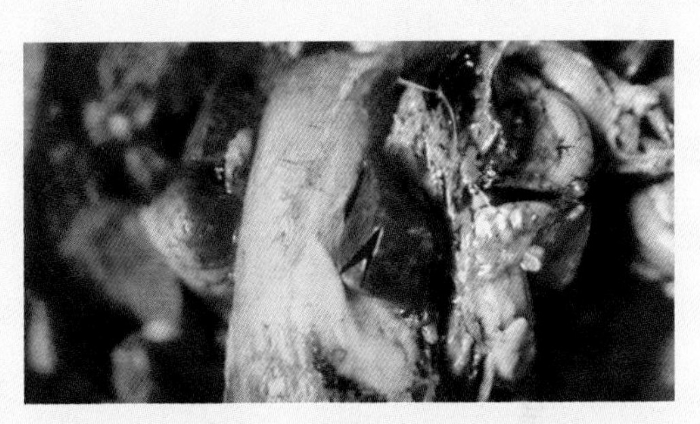

图5-3-6　患病鸭脾脏肿大，有灰白色坏死灶
（鸭病诊疗原色图谱　第2版）

图5-3-7　肝脏出血性坏死
（鸭病诊疗原色图谱　第2版）

图5-3-8　无害化处理室

检出鸭瘟、禽结核病（图5-3-9）的，胴体内脏和其他副产品进行销毁处理。

检出禽白血病的鸭胴体和内脏进行化制处理（图5-3-10）。

发现患有《家禽屠宰检疫规程》规定以外的传染病，胴体和内脏进行化制处理。

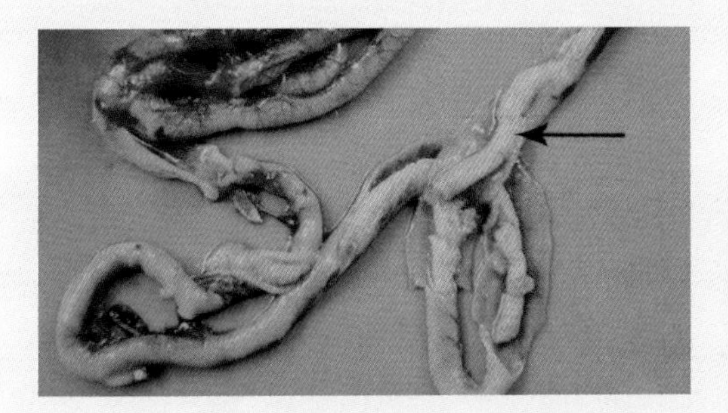

图5-3-9　小肠内形成腊肠样阻塞物
（鸭病诊疗原色图谱　第2版）

图5-3-10　湿化机

发现内脏有异常的，将内脏及其对应的胴体一并作销毁处理；局部组织有病变，如皮肤发炎、局部有寄生虫损害、出血、充血、水肿、变色等变化，割除局部组织，进行销毁处理。发现脓毒症、尿毒症、黄疸、过度消瘦、大面积坏疽、急性中毒、全身肌肉和脂肪变性、全身性出血、恶性肿瘤等的（图5-3-11至图5-3-22），胴体、内脏、副产品作销毁处理。

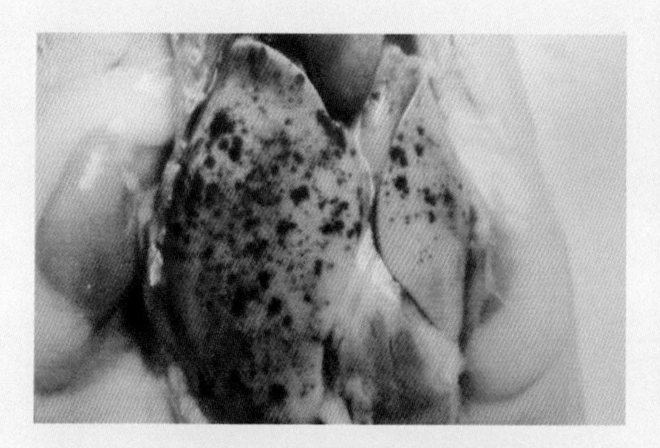

图5-3-11 肝脏斑点状出血
（鸭病诊疗原色图谱 第2版）

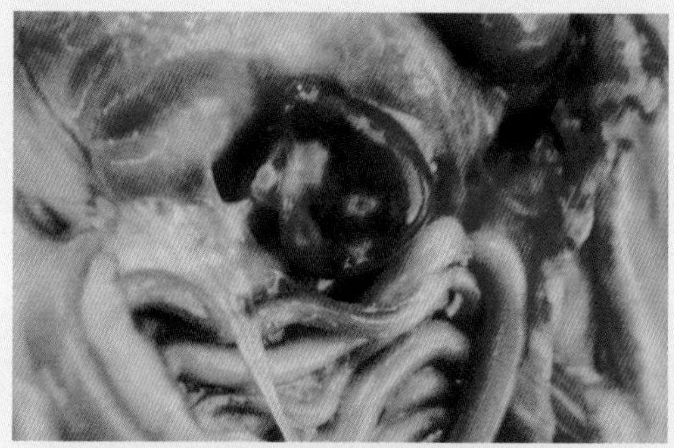

图5-3-12 肝脏有黄白色坏死灶和出血
（鸭病诊疗原色图谱 第2版）

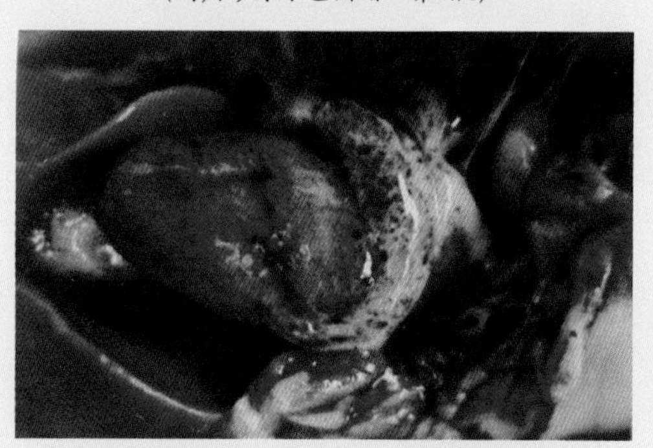

图5-3-13 心外膜和心冠脂肪出血
（鸭病诊疗原色图谱 第2版）

图5-3-14 纤维素性心包炎和纤维素性肝周炎
（鸭病诊疗原色图谱 第2版）

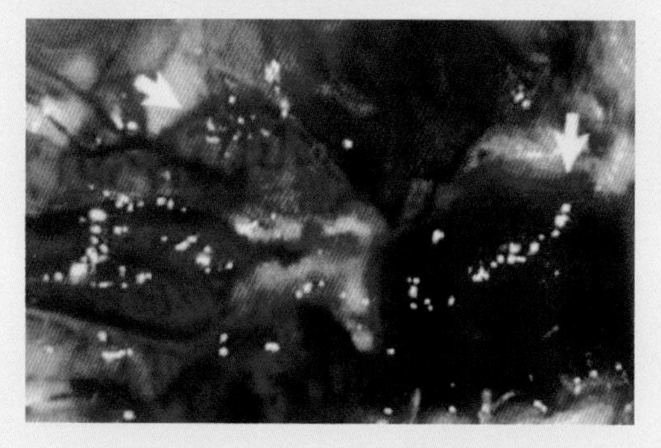

图5-3-15 肝脏、肺脏肿大、出血
（鸭病诊疗原色图谱 第2版）

图5-3-16 小肠局灶性增粗，肠壁出血
（鸭病诊疗原色图谱 第2版）

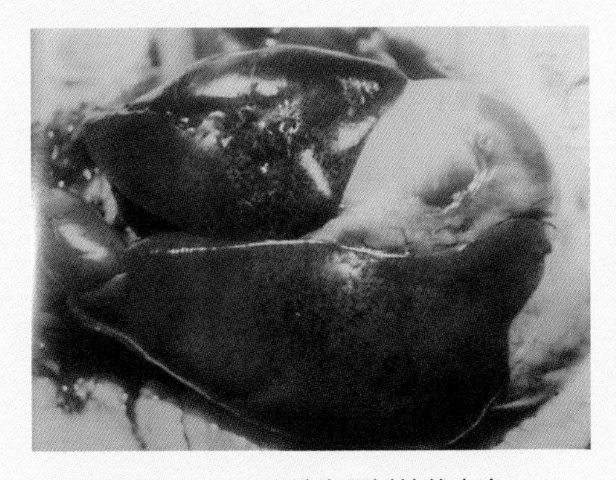

图5-3-17　肝脏表面树枝状出血
（鸭病）

图5-3-18　脾脏肿大，出血
（鸭病）

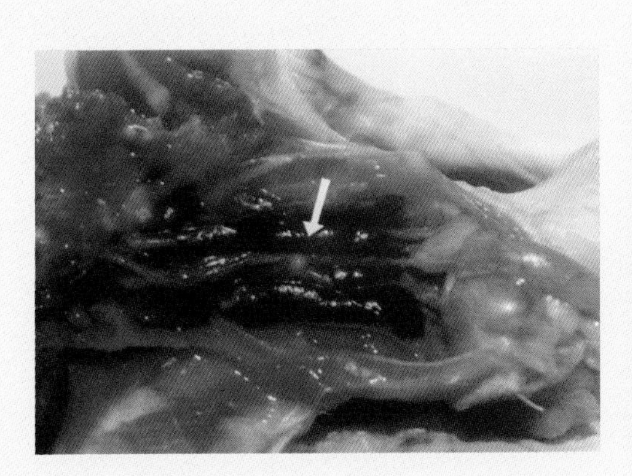

图5-3-19　患病鸭肾脏上有白色结节
（鸭病）

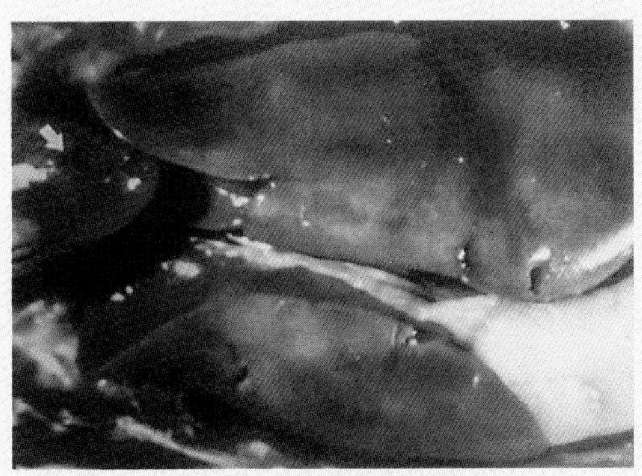

图5-3-20　肝脏肿大，色发黄，质脆；心外膜出血斑点
（鸭病）

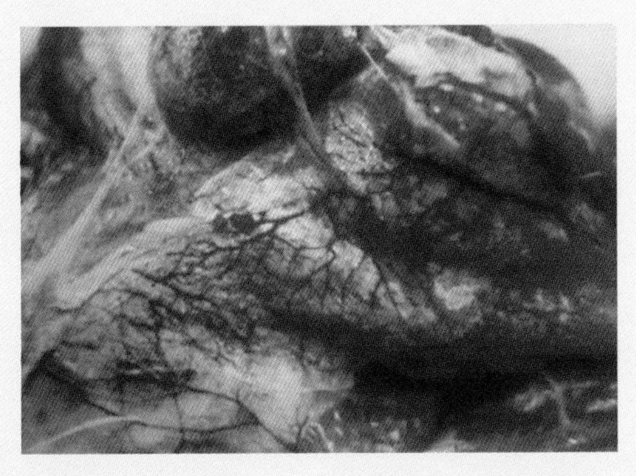

图5-3-21　病鸭气囊附有大量石灰粉样物
（鸭病）

图5-3-22　腺胃黏膜有弥漫性针头大至粟粒大鲜红出血
（禽病诊断彩色图谱）

参考文献

陈伯伦，2008．鸭病［M］．北京：中国农业出版社．

陈鹏举，贺桂芬，司红彬，2012．鸭鹅病诊治原色图谱［M］．郑州：河南科学技术出版社．

程安春，王继文，2012．鸭标准化规模养殖图册［M］．北京：中国农业出版社．

崔恒敏，2015．鸭病诊疗原色图谱［M］．2版．北京：中国农业出版社．

崔治中，2010．禽病诊治彩色图谱［M］．2版．北京：中国农业出版社．

崔治中，金宁一，2013．动物疫病诊断与防控彩色图谱［M］．北京：中国农业出版社．

刁有祥，2013．鸭病鉴别诊断与防治原色图谱［M］．北京：金盾出版社．

顾小根，陆新浩，张存，2012．常见鸭病临床诊治指南［M］．杭州：浙江科学技术出版社．

郭玉璞，2008．鸭病诊治彩色图说［M］．3版．北京：中国农业出版社．

李建，郁川，张旻，2016．鸭解剖组织彩色图谱［M］．北京：化学工业出版社．

李勐，李新萍，申征，2015．动物检验检疫工［M］．北京：中国劳动社会保障出版社．

陆新浩，任祖伊，2011．禽病类症鉴别诊疗彩色图谱［M］．北京：中国农业出版社．

农业部兽医局，中国动物疫病预防控制中心，农业部屠宰技术中心，2015．全国畜禽屠宰检验检疫培训教材［M］．北京：中国农业出版社．

王永坤，高巍，2015．禽病诊断彩色图谱［M］．北京：中国农业出版社．

熊本海，恩和，苏日娜，等，2014．家禽实体解剖学图谱［M］．北京：中国农业出版社．

张秀美，2012．鸭鹅常见病快速诊疗图谱［M］．济南：山东科学技术出版社．

附录

家禽屠宰检疫规程

1.适用范围

本规程规定了家禽的屠宰检疫申报、进入屠宰场（厂、点）监督查验、宰前检查、同步检疫、检疫结果处理以及检疫记录等操作程序。

本规程适用于中华人民共和国境内鸡、鸭、鹅的屠宰检疫。鹌鹑、鸽子等禽类的屠宰检疫可参照本规程执行。

2.检疫对象

高致病性禽流感、新城疫、禽白血病、鸭瘟、禽痘、小鹅瘟、马立克氏病、鸡球虫病、禽结核病。

3.检疫合格标准

3.1入场（厂、点）时，具备有效的《动物检疫合格证明》。

3.2无规定的传染病和寄生虫病。

3.3需要进行实验室疫病检测的，检测结果合格。

3.4履行本规程规定的检疫程序，检疫结果符合规定。

4.检疫申报

4.1申报受理　货主应在屠宰前6小时申报检疫，填写检疫申报单。官方兽医接到检疫申报后，根据相关情况决定是否予以受理。受理的，应当及时实施宰前检查；不予受理的，应说明理由。

4.2申报方式　现场申报。

5.入场（厂、点）监督查验和宰前检查

5.1查证验物　查验入场（厂、点）家禽的《动物检疫合格证明》。

5.2询问　了解家禽运输途中有关情况。

5.3临床检查　官方兽医应按照《家禽产地检疫规程》中“临床检查”部分实施检查。其中，个体检查的对象包括群体检查时发现的异常禽只和随机抽取的禽只（每车抽60～100只）。

5.4结果处理

5.4.1合格的，准予屠宰，并回收《动物检疫合格证明》。

5.4.2不合格的，按以下规定处理。

5.4.2.1发现有高致病性禽流感、新城疫等疫病症状的，限制移动，并按照《中华人民共和国动物防疫法》《重大动物疫情应急条例》《动物疫情报告管理办法》和《病害动物和病害动物产品生物安全处理规程》（GB16548）等有关规定处理。

5.4.2.2发现有鸭瘟、小鹅瘟、禽白血病、禽痘、马立克氏病、禽结核病等疫病症状的，患病家禽按国家有关规定处理。

5.4.2.3怀疑患有本规程规定疫病及临床检查发现其他异常情况的，按相应疫病防治技术规范进行实验室检测，并出具检测报告。实验室检测须由省级动物卫生监督机构指定的具有资质的实验室承担。

5.4.2.4发现患有本规程规定以外疫病的，隔离观察，确认无异常的，准予屠宰；隔离期间出现异常的，按《病害动物和病害动物产品生物安全处理规程》（GB16548）等有关规定处理。

5.5消毒　监督场（厂、点）方对患病家禽的处理场所等进行消毒。监督货主在卸载后对运输工具及相关物品等进行消毒。

6.同步检疫

6.1屠体检查

6.1.1体表　检查色泽、气味、光洁度、完整性及有无水肿、痘疮、化脓、外伤、溃疡、坏死灶、肿物等。

6.1.2冠和髯　检查有无出血、水肿、结痂、溃疡及形态有无异常等。

6.1.3眼　检查眼睑有无出血、水肿、结痂，眼球是否下陷等。

6.1.4爪　检查有无出血、淤血、增生、肿物、溃疡及结痂等。

6.1.5肛门　检查有无紧缩、淤血、出血等。

6.2抽检　日屠宰量在1万只以上（含1万只）的，按照1%的比例抽样检查，日屠宰量在1万只以下的抽检60只。抽检发现异常情况的，应适当扩大抽检比例和数量。

6.2.1皮下　检查有无出血点、炎性渗出物等。

6.2.2肌肉　检查颜色是否正常，有无出血、淤血、结节等。

6.2.3鼻腔　检查有无淤血、肿胀和异常分泌物等。

6.2.4口腔　检查有无淤血、出血、溃疡及炎性渗出物等。

6.2.5喉头和气管　检查有无水肿、淤血、出血、糜烂、溃疡和异常分泌物等。

6.2.6气囊　检查囊壁有无增厚混浊、纤维素性渗出物、结节等。

6.2.7肺脏　检查有无颜色异常、结节等。

6.2.8肾脏　检查有无肿大、出血、苍白、尿酸盐沉积、结节等。

6.2.9腺胃和肌胃检查浆膜面有无异常。剖开腺胃，检查腺胃黏膜和乳头有无肿大、淤血、出血、坏死灶和溃疡等；切开肌胃，剥离角质膜，检查肌层内表面有无出血、溃疡等。

6.2.10肠道　检查浆膜有无异常。剖开肠道，检查小肠黏膜有无淤血、出血等，检查盲肠黏膜有无枣核状坏死灶、溃疡等。

6.2.11肝脏和胆囊　检查肝脏形状、大小、色泽及有无出血、坏死灶、结节、肿物等。检查胆囊有无肿大等。

6.2.12脾脏　检查形状、大小、色泽及有无出血和坏死灶、灰白色或灰黄色结节等。

6.2.13心脏　检查心包和心外膜有无炎症变化等，心冠状沟脂肪、心外膜有无出血点、坏死灶、结节等。

6.2.14法氏囊（腔上囊）　检查有无出血、肿大等。剖检有无出血、干酪样坏死等。

6.2.15体腔　检查内部清洁程度和完整度，有无赘生物、寄生虫等。检查体腔内壁有无凝血块、粪便和胆汁污染和其他异常等。

6.3复检　官方兽医对上述检疫情况进行复查，综合判定检疫结果。

6.4结果处理

6.4.1合格的，由官方兽医出具《动物检疫合格证明》，加施检疫标志。

6.4.2不合格的，由官方兽医出具《动物检疫处理通知单》，并按以下规定处理。

6.4.2.1发现患有本规程规定疫病的，按5.4.2.1、5.4.2.2和有关规定处理。

6.4.2.2发现患有本规程规定以外其他疫病的，患病家禽屠体及副产品按《病害动物和病害动物产品生物安全处理规程》（GB16548）的规定处理，污染的场所、器具等按规定实施消毒，并做好《生物安全处理记录》。

6.4.3监督场（厂、点）方做好检疫病害动物及废弃物无害化处理。

6.5官方兽医在同步检疫过程中应做好卫生安全防护。

7.检疫记录

7.1官方兽医应监督指导屠宰场方做好相关记录。

7.2官方兽医应做好入场监督查验、检疫申报、宰前检查、同步检疫等环节记录。

7.3检疫记录应保存12个月以上。

致　谢

本书的编写得到浙江工商大学、浙江省畜牧兽医局、山东省畜牧兽医局、河南省畜牧局、浙江省肉类协会、浙江华统肉制品股份有限公司、河南华英农业发展股份有限公司、建德市三弟兄农业开发有限公司、莱芜新希望六和食品有限公司、杭州申浙家禽有限公司等相关单位的大力支持与帮助，在此一并表示感谢！